David Heaf

Behandlungsfrei imkern

David Heaf

Behandlungsfrei imkern

Auf dem Weg zur behandlungsfreien Bienenhaltung

Haupt Verlag

1. Auflage: 2023

ISBN 978-3-258-08318-6

Aus dem Englischen übersetzt von Ursina Kellerhals, CH-Bünzen
Umschlag, Gestaltung und Satz der deutschsprachigen Ausgabe:
Roman, Bold & Black, D-Köln

Umschlagabbildungen
Vorne: Großer Bienenschwarm in einem Baum. © Cheperatz/AdobeStock
Hinten: Zwei Warré-Beuten. © David Heaf

Die englischsprachige Originalausgabe erschien 2021 unter dem Titel *Treatment-Free Beekeeping* bei Northern Bee Books, Scout Bottom Farm, Mytholmroyd, West Yorkshire, United Kingdom, www.northernbeebooks.co.uk

Wir verwenden FSC®-zertifiziertes Papier. FSC® sichert die Nutzung der Wälder gemäß sozialen, ökonomischen und ökologischen Kriterien.
Gedruckt in Slowenien

Diese Publikation ist in der Deutschen Nationalbibliografie verzeichnet.
Mehr Informationen dazu finden Sie unter http://dnb.dnb.de.

Der Haupt Verlag wird vom Bundesamt für Kultur für die Jahre 2021–2024 unterstützt.

Wir verlegen mit Freude und großem Engagement unsere Bücher. Daher freuen wir uns immer über Anregungen zum Programm und schätzen Hinweise auf Fehler im Buch, sollten uns welche unterlaufen sein. Falls Sie regelmäßig Informationen über die aktuellen Titel im Bereich Natur & Gestalten erhalten möchten, folgen Sie uns über Social Media oder bleiben Sie via Newsletter auf dem neuesten Stand!

www.haupt.ch

Inhalt

Haftungsausschluss[1]

Wer Honigbienen hält, trägt Verantwortung. Das Wohl der Bienenvölker muss an erster Stelle stehen. Versuche, Bienen ohne oder mit weniger invasiver Behandlung zu halten, sind anspruchsvoll und zeitintensiv. Es braucht dafür sowohl Erfahrung wie auch Fachwissen.
Dieses Buch fasst einerseits wissenschaftliche Forschung auf dem Fachgebiet zusammen und stellt andererseits die Erfahrungsberichte von behandlungsfrei Imkernden vor.

Das Buch ist in keiner Weise eine Anleitung, wie man zu behandlungsfreier Bienenhaltung kommt. Für Schäden und/oder Missachten gesetzlicher Bestimmungen lehnen Verlag und Autor jegliche Haftung ab.

Mit Stand 31. Juli 2022 gelten im deutschsprachigen Raum folgende gesetzliche Bestimmungen: In Deutschland besteht eine Behandlungspflicht gegen die Varroa. In der Schweiz wie auch in Österreich ist die Varroatose (Varroose) bei seuchenhaftem Auftreten meldepflichtig.

Einleitung

Mit Ausnahme der Tätigkeit, die man als «Auswildern» bezeichnen könnte und bei der man den Honigbienen lediglich einen Hohlraum zur Verfügung stellt, ist jede Art von Bienenhaltung mit einer Form des Eingriffs in das Leben des Bienenvolkes verbunden beziehungsweise beinhaltet eine Form von «Behandlung». Daher scheint der Begriff «behandlungsfreie Bienenhaltung» auf den ersten Blick ein Ding der Unmöglichkeit. In der Tat ist der Begriff ein Oxymoron, also ein Widerspruch in sich. Um sinnvoll zu sein, muss unsere Definition der behandlungsfreien Bienenhaltung also anders sein. In diesem Buch bezieht sich «Bienenhaltung» auf eine Imkerei, die im Prinzip die Möglichkeit beinhaltet, überschüssigen Honig und andere Bienenprodukte wie Wachs zu ernten, während sich der Begriff «Behandlung» weitgehend auf Maßnahmen beschränkt, die darauf abzielen, die Bienenvölker gesund und vital zu erhalten und ihnen insbesondere zu helfen, mit Schädlingen und Krankheiten fertigzuwerden.

Ich versuche, dieses Buch so evidenzbasiert wie möglich zu gestalten, und verweise auf fundierte Wissenschaft, wenn entsprechende wissenschaftliche Arbeiten verfügbar sind. Um den Text nicht mit Autorenverweisen zu belasten, verwende ich Endnoten für Quellenangaben. Ich beziehe mich nicht nur auf Forschungsergebnisse, die zumeist von Fachleuten geprüft wurden, sondern auch auf anekdotische Beiträge. Dies gilt insbesondere für die Beschreibung meiner eigenen Bienenhaltung sowie für ausgewählte Imkerinnen und Imker in verschiedenen Ländern, die eine behandlungsfreie Bienenhaltung praktizieren. Wir sollten zudem nicht vergessen, dass ein Großteil der Wissenschaft auf Untersuchungen basiert, welche mit mehr oder weniger gezüchteten Bienen in dünnwandigen Beuten durchgeführt worden sind. Daher widerspiegeln diese Studien möglicherweise nicht, wie Bienen in Behausungen leben (und überleben), an die sie von Natur aus angepasst sind, also zum Beispiel in Baum- und Felshöhlen. In der Tat scheint es wahrscheinlich, dass ein Teil der veröffentlichten Bienenstudien auf künstlichen Situationen beruht. Es ist auch erwähnenswert, dass viele wissenschaftliche Arbeiten über Honigbienen und Varroa die allgemeine Behauptung wiederholen, dass unbehandelte Bienenvölker nur drei bis vier Jahre überleben.[2] Im Folgenden werden wir sehen, dass dies keineswegs auf einem Naturgesetz beruht.

Behandlungen können als mechanisch, chemisch oder biotechnisch eingestuft werden. Ein Beispiel für eine simple mechanische Behandlung wäre die Isolation (Wärmedämmung) der Bienenbeute. Chemische Behandlungen umfassen alle chemischen Substanzen, die der Imkernde in den Bienenstock einbringt, wie zum Beispiel Antibiotika und Akarizide. Sie beinhalten streng genommen auch Futtermittel, zum Beispiel Saccharose, und synthetische Zusatzstoffe wie Vitamine. Das Symposium mit dem Titel «Treatment-Free Beekeeping» (behandlungsfreie Bienenhaltung) auf der Apimondia 2019 umfasste sieben Vorträge zum Thema, wie man vermeidet, dass Chemikalien in den Bienenstock gelangen.[3] Das Varroa-Problem hat eine Reihe von biotechnischen Behandlungen hervorgebracht, darunter das Dezimieren von Milben mittels Drohnenschnitt oder eines Muller-Brettes, mittels Hyperthermie, mittels kleinerer Arbeiterinnenzellen oder durch die Ansiedelung von Pseudoskorpionen im Bienenstock. Selbst innerhalb unserer eingeschränkten Definition gibt es also ein breites Spektrum an möglichen Behandlungsformen. Es stellt sich nun die Frage, wo die Grenze zwischen behandlungsfreier Bienenhaltung und behandelnder Imkerei gezogen werden soll. Eine sinnvolle Definition wäre meiner Meinung nach die folgende: Behandlungsfrei Imkernde sind bestrebt, alle Behandlungen zu vermeiden, die langfristig zu einer Verringerung der «Fitness» (Vitalität und Adaption an lokale Gegebenheiten) der örtlichen Bienenvölker beitragen könnten. «Sind bestrebt» deshalb, weil die Verbesserung der Fitness und das Risiko eines Totalverlusts der Bienenvölker oftmals eine Gratwanderung sind.

Dieses Buch befasst sich hauptsächlich mit dem Verzicht auf Behandlungen zur Bekämpfung der Varroa-Milbe, die als Ursache für die größten wirtschaftlichen Verluste in der Imkerei gilt.[4] Da aber bei der Umstellung auf eine behandlungsfreie Bienenhaltung das Risiko eines Totalverlusts der Völker nicht unerheblich ist (und ein solcher Verlust kommerzielle Großimkereien ruinieren könnte), richtet sich dieses Buch tendenziell eher an Imkerinnen und Imker mit einer überschaubaren Anzahl Völker. Das heißt jedoch nicht, dass es keine kommerziellen Imkereien gibt, die auf Behandlungen verzichten. Im Gegenteil; in Kapitel 6 werde ich die international bekannteren vorstellen.

Es gibt Stimmen, die sagen, dass auch wilde Bienenvölker, welche die Varroa überleben, nicht behandlungsfrei sind. Nur ist es in diesen Fällen so, dass es die Bienen selbst sind, die diese Behandlungen vornehmen!

Anwendungen von Chemikalien und warum wir keine mehr verwenden 1

Alle Chemikalien, die darauf abzielen, den Zielorganismus (meist die Varroa) zu vergiften, umgehen die natürliche Selektion. Damit schieben sie auch die Ko-Adaptation der Honigbiene an diesen Organismus auf, denn natürliche Selektion ist ein Teil der Adaption. Dies ist der Hauptgedanke dieses Buches und wird im weiteren Verlauf noch näher erläutert. Wenn der Lesende der Ansicht ist, dass der Mensch die Funktionsweise der Erde so vollumfänglich verändert hat, dass es nirgendwo auf dem Planeten eine *natura naturans* gibt, dann müsste «natürliche Selektion» hier als «quasi-natürliche Selektion» gelesen werden. So sagt Polixenes in Shakespeares «Wintermärchen» über die Pflanzenzucht zu Perdita: «Doch wird die Natur durch kein Mittel besser gemacht, es sei denn, dass die Natur dieses Mittel macht.» Damit meint er, dass der menschliche Einfluss auf die Natur ebenfalls Teil der Natur ist.

Chemikalien, die als Akarizide (Mitizide) eingesetzt werden, schaden der Bienengesundheit unterschiedlich stark. Dies gilt sowohl für die üblicherweise verwendeten organischen Säuren und ätherischen Öle wie auch für die synthetischen Verbindungen wie Pyrethroide. Akarizide schädigen Arbeiterinnen, Drohnen und Königinnen in unterschiedlichem Ausmaß während ihrer gesamten Entwicklung. Mit der Absicht, allenfalls eine Rezension zu erstellen, habe ich über die letzten zehn Jahre Dutzende von Arbeiten über diese Schädigungen gesammelt. Im Kontext von Pflanzenschutzmitteln scheint heutzutage mehr zu Bienenvergiftungen geforscht zu werden als zur natürlichen Geschichte der Bienen, was vermutlich auch mit dem Fokus staatlicher und privatwirtschaftlicher Forschungsfinanzierung zusammenhängt. Vor Kurzem habe ich jedoch bemerkt, dass Erik Tihelka (2018) sich schon der Aufgabe widmete, Studien zum bewussten Verwenden von Gift durch Imkernde zu rezensieren. Er berichtet über mehr als 140 wissenschaftliche Arbeiten zu den weitreichenden Auswirkungen von synthetischen und organischen Akariziden auf die Bienengesundheit und auf ihr Verhalten.[5] Einige dieser Auswirkungen sind subtil, zum Beispiel diejenigen auf das Lernverhalten, die Volksstärke und die Langlebigkeit.

Tihelka berücksichtigt auch die Auswirkungen auf das Darmmikrobiom der Bienen. Das Darmmikrobiom dominiert das gesamte Bienenmikrobiom und hat Auswirkungen auf den Stoffwechsel, das Immunsystem, das Wachstum, die Entwicklung sowie den Schutz vor Krankheitserregern.[6] Das Mikrobiom der Honigbiene wird durch Propolis stabilisiert.[7] Die Propolisierung fördert zudem nützliche Bakterien im Mikrobiom der Mundpartie der Biene und reduziert pathogene oder opportunistische Mikroben und unterstützt die Vermehrung vermutlich nützlicher Mikroben.[8] In Anbetracht dieser Erkenntnisse erscheint es als sehr wahrscheinlich, dass das Anwenden von Akariziden das chemische Gleichgewicht des Bienenstocks stark beeinträchtigt. Aber auch ohne giftige Imkerei-Präparate scheint das Mikrobiom der Honigbiene in landwirtschaftlich genutzten Umgebungen – verglichen mit unberührten Umgebungen, wie zum Beispiel auf einer Insel in der Adria – beeinträchtigt zu werden.[9]

Ein weiteres Merkmal des Chemikalien-Einsatzes ist, dass Schädlinge und Krankheitserreger resistent werden können, indem diese Organismen Stoffwechselmechanismen entwickeln, die das Gift unschädlich machen. Soweit mir bekannt ist, gibt es noch keine Anzeichen für eine Varroa-Resistenz gegen Thymol oder organische Säure-Akarizide, aber die Resistenz gegen synthetische Pyrethroide ist seit Langem dokumentiert.[10] Außerdem können Bakterien dank ihrer kurzen Entwicklungszyklen schnell eine Antibiotikaresistenz entwickeln.

Laut Berichten hat der Umfang erforderlicher Varroa-Behandlungen seit 1980 stetig zugenommen. Anfangs wurde nur im Winter behandelt, dann im Spätsommer und teils auch im Winter, später dann im Spätsommer und unbedingt wieder im Winter. Jetzt sind wir bei Behandlungen im Frühjahr, Spätsommer und Winter angelangt.[11] Heutzutage müssen die Imkerinnen und Imker die Akarizide abwechselnd einsetzen und sogar auf synthetische Pyrethroide und phosphororganische Verbindungen zurückgreifen, um der Varroa, die aufgrund ihrer kurzen Entwicklungszyklen rasch Resistenzen entwickeln kann, Herr zu werden.

Für die Behandlung von Nosema steht in den USA das Antibiotikum Fumidil-B zur Verfügung.[12] Dieses Medikament ist jedoch in den meisten Ländern der Europäischen Union und im Vereinigten Königreich nicht zugelassen,[13] was höchstwahrscheinlich auf seine Genotoxizität in zytogenetischen In-vitro- und In-vivo-Tests zurückzuführen ist.[14] Das Risiko für Nosema, eine Krankheit erwachsener Bienen, kann jedoch auch mittels nicht-chemischer Maßnahmen verringert werden: zum Beispiel ein geschützter, trockener und sonniger Standort mit einem nach Süden ausgerichteten Flugloch, minimierter Zuckersirup-Fütterung und regelmäßiger Wabenbauerneuerung. Die Wabenbauerneuerung ist ein fester Bestandteil der Warré-Bienenhaltung, da neue Zargen nicht aufgesetzt, sondern untersetzt werden, sodass das Bienennest hinunterwachsen kann. Geerntet werden obere Honigzargen, denn das Brutnest «wandert» hinunter.[15] Mir ist vermutlich nur einmal ein Volk an Nosema eingegangen (worauf Bienenkot am Beute-Eingang hindeutete), und zwar war das ein eher schwaches Volk im Frühjahr. Damals verwendete ich noch «National»-Beuten vor meiner Umstellung auf Warré im Jahr 2007.

Das Antibiotikum Oxytetracyclin (Terramycin®) ist in den USA für die Behandlung der Amerikanischen und Europäischen Faulbrut (EFB) zugelassen, sofern eine veterinärmedizinische Futtermittelrichtlinie vorliegt, das heißt eine gesetzliche Genehmigung für die Verabreichung von Antibiotika im Tierfutter. Im Vereinigten Königreich darf das Antibiotikum gegen die EFB eingesetzt werden. Diese Behandlung wird jedoch seltener, da sich Kunstschwarmbildung infizierter Völker als langfristig wirksamer herausgestellt hat.[16] Die Verwendung von Oxytetracyclin in der Imkerei birgt zudem die Gefahr, dass eine bakterielle Resistenz entsteht, die auch die Wirksamkeit des Antibiotikums in der Humanmedizin verringert.

Eine häufige Brutkrankheit, die wohl jede Imkerin und jeder Imker kennt, ist die Kalkbrut, die durch den Pilz *Ascosphera apis* verursacht wird. Gegen Kalkbrut gibt es keine chemische Behandlung. Wenn die Krankheit auftritt, verschwindet sie meiner Erfahrung nach recht schnell wieder, vor allem im Frühjahr. Sie beeinträchtigt meine Bienenvölker nie ernsthaft. Ein warmer, trockener und sonniger Bienenstandort und ein gutes Trachtangebot helfen, die Krankheit zu vermeiden. In schlimmen Fällen wird empfohlen, die Königin auszuwechseln.

Im Vereinigten Königreich stellte die Tracheenmilbe der Honigbiene *(Acarapis woodi)* einst eine ernsthafte Bedrohung für die Imkerei dar, doch der Befall ging rasch so weit zurück, dass keine Behandlungen mehr notwendig waren. Ab 1980 breitete sich diese Milbe auch in den USA aus, ist aber inzwischen auch dort stark zurückgegangen, was vielleicht teilweise auch auf den Einsatz von Akariziden gegen die Varroa zurückzuführen ist. Sie könnte jedoch wieder auftreten, insbesondere wenn die Varroa-Behandlung mit organischen Säuren eingestellt wird.[17] Die für die Behandlung zugelassenen Chemikalien basieren auf Ameisensäure oder Menthol. Dem plötzlichen Anstieg schwerer Völkerverluste im Vereinigten Königreich zu Beginn des 20. Jahrhunderts, die auf *Acarapis* zurückgeführt werden, folgte ein rascher Rückgang der Verluste. Das deutet darauf hin, dass Honigbienen schnell eine Resistenz gegen Milben entwickeln können. Das Auftreten natürlich varroaresistenter Honigbienenpopulationen in der ganzen Welt könnte bedeuten, dass das Gleiche auch für die Varroa-Milbe gilt.[18]

Die Frage nach Nebenwirkungen stellt sich für die Bekämpfung des Kleinen Beutenkäfers (SHB, *Aethina tumida*) kaum, da hier die Behandlung mit Chemikalien weitgehend unwirksam ist. Die Betriebsweise generell sowie Vorkehrungen wie Verkleinern des Bienenstockeingangs (um den Käfer nicht anzulocken), in den Bienenstockboden integrierte Käferfallen (zum Beispiel Beetletra) und Eingangsvorrichtungen helfen gesunden Völkern, den Käfer in Schach zu halten. Die Fallen enthalten teils Öl, damit die gefangenen Käfer sich nicht befreien können. Wie bei der Wachsmotte können Waben, die nicht vollständig von den Bienen «patrouilliert» werden, den Käfern eine Brutstätte bieten, sodass ein hohes Verhältnis von Bienen zu Waben wichtig ist. Es gibt mehrere hervorragende Veröffentlichungen über den Umgang mit dem SHB.[19] Der Schädling hat zum Zeitpunkt des Schreibens das Vereinigte Königreich noch nicht erreicht, ist aber bereits bis nach Süditalien vorgestoßen. Ein faszinierendes Abwehrverhalten gegen den SHB zeigen die in Australien heimischen Bienen, die den Käfer lebendig «mumifizieren».[20] Es gibt Hinweise darauf, dass auch *Apis mellifera* das könnte.[21] Auch die Wahl des Beutetyps kann dazu beitragen, die Ausbreitung der SHB zu minimieren. So hat die Warré-Beute aufgrund der fehlenden Rähmchen sehr wenige Holzteile im Inneren und bietet daher dem Käfer kaum Möglichkeiten, sich zu verstecken.[22]

Als ich mit der Imkerei begann, riet mir mein Mentor, etwas Paradichlorbenzol (ein Bestandteil von Mottenkugeln) zu besorgen, um die Aufsatzwaben während der Winterlagerung zu schützen. Ich folgte dem Rat und kaufte ein Kilo in einem Imkereifachgeschäft. Ich bewahrte das Mittel in der Hersteller-Plastiktüte in einer Metalldose mit einem nicht sehr dicht schließenden Deckel auf. Der unangenehme Geruch hielt mich jedoch davon ab, das Mittel zu verwenden, und ließ mich auch daran zweifeln, dass es für Waben geeignet war, in die meine Bienen im nächsten Jahr wieder Honig eintragen würden. So blieb es jahrzehntelang in der Dose, bis sie mir eines Tages beim Aufräumen in die Hände kam. Sie war bis auf einen versiegelten Polyäthylenbeutel mit der Beschriftung «Paradichlorbenzol» leer. Offensichtlich war im Lauf der Jahre das gesamte Kilo durch den Beutel sublimiert! Später stellte ich fest, dass sich die Wachsmotte nicht für Waben interessiert, in denen keine Brut war und die im Freien gelagert werden, wo sie für Spinnen (aber nicht für Mäuse) zugänglich sind. Die Motte ist der Organismus, der unbesetzte Brutwaben vernichtet, das heißt, im natürlichen Zyklus das Bienennest auflöst. In der Imkerei schützt man Waben (die nicht im Volk sind), indem man Motteneier durch 48 Stunden Tieffrieren abtötet und die Waben dann in einem dichten Behälter lagert. In der Natur räumen Wachsmotten auf. Sie lassen – ähnlich wie beim Kompostieren – das Nest buchstäblich zu Staub zerfallen, sodass ein Schwarm die Behausung wieder besiedeln und neue Waben bauen kann.

Ein weiteres Problem im Zusammenhang mit Medikamenten in Bienenstöcken ist ihre Anreicherung in Bienenwachs, Honig und anderen Bienenprodukten. Die Imkernden scheinen in dieser Hinsicht ihr eigener schlimmster Feind zu sein. Und selbst wenn sie aufhörten, ihren Bienenvölkern Chemikalien zuzuführen, bliebe das Problem der Rückstände von landwirtschaftlich verwendeten Chemikalien im Bienenwachs bestehen.[23]

Ein weiterer Faktor, den es zu berücksichtigen gilt, ist der ökologische Fußabdruck der Behandlung mit Chemikalien und ihre möglichen Auswirkungen auf die Umwelt. Die Chemikalien werden in Fabriken hergestellt und dann ausgeliefert. In Deutschland, wo Bienenvölker registriert und gegen den Varroa-Befall behandelt werden müssen,[24] gibt es schätzungsweise eine Million Völker. Würden alle nur einmal im Jahr mit MAQS-Streifen (der beliebten Ameisensäurebehandlung gegen Varroa) behandelt, und zwar wie empfohlen pro Volk mit zwei Streifen (die jeweils 68,2 Gramm Ameisensäure enthalten),[25] gelangten in Deutschland allein jedes Jahr über 120 Tonnen Ameisensäure in die Atmosphäre. Ameisensäure trägt zum sauren Regen bei.

Vergleicht man diese Zahl mit der geschätzten weltweiten Freisetzung von Ameisensäure durch Ameisen, die auf 600 000 Tonnen geschätzt wird,[26] so erscheint der Beitrag der deutschen Imkerschaft zum Glück gering. Natürlich dürfte die gesamte Belastung durch Imkereien weltweit bedeutsamer sein. Hinzu kommt der Einsatz von Oxalsäure im Winter; ganz zu schweigen vom erheblichen Ausmaß aller Kunststoffverpackungen der Säuren, die entsorgt werden müssen.

Abschließend ist auch der wirtschaftliche Anreiz für den Verzicht auf die Behandlung mit Chemikalien zu bedenken. Zunächst einmal sind der Zeitaufwand für die Behandlung und damit die Arbeitskosten beträchtlich. Der Hobbyimkernde würde diese Kosten wahrscheinlich nicht in seine Bienenbuchhaltung miteinrechnen, aber für Betriebe, die einen Teil des Gesamtgewinns mit Bienenhaltung erwirtschaften, könnte es durchaus eine Rolle spielen.

2 Meine Bienenhaltung und einige Statistiken

Ich begann 2003 mit der Imkerei. Von einem Imker aus der Nähe bekam ich vier Ableger lokaler Bienen in «National»-Beuten. Sie enthielten je einen Streifen Apistan, ein Akarizid mit dem synthetischen Pyrethroid Tau-Fluvalinat, das zur Varroa-Bekämpfung eingesetzt wird. Da sich zu dieser Zeit im Vereinigten Königreich die Resistenz der Milbe gegen Apistan ausbreitete, experimentierte mein Mentor mit ätherischen Ölen. Diese waren bekanntermaßen weniger wirksam gegen Varroa als das Pyrethroid, aber er meinte, dass er nicht alle Varroa abtöten wolle, da die Milbe und die Biene miteinander in Kontakt sein müssten, damit eine Ko-Adaptation stattfinden könne. Für mich kam die weitere Verwendung von Apistan nicht infrage. Meine Frau Pat und ich waren seit Langem Anhänger der biologischen Landwirtschaft, kauften auch so ein und pflegten unseren Gemüsegarten nach biodynamischen Prinzipien. Die Verwendung von Apistan schien also ein Schritt in die falsche Richtung zu sein.

Da ich damals glaubte, dass die Varroa behandelt werden muss, damit die Bienenvölker überleben können, habe ich mich nach Alternativen umgesehen. Thymol und organische Säuren waren bereits als «organische» oder «sanfte» Behandlungen im Gespräch. Aufgrund von Online-Informationen, insbesondere der Forschungsarbeiten des Schweizerischen Bienenforschungszentrums in Liebefeld, entschied ich mich für ein zweigleisiges, jährliches Behandlungsverfahren mit Thymol und Oxalsäure. Nach der Honigernte im September erwärmt man Thymol (4 g) in Pflanzenöl (12 g) und saugt die Mischung mit zwei Blatt Küchenpapier auf. Das Küchenpapier wird dann auf die Oberträger der Brutzarge gelegt und vierzehn Tage später durch ein neues Präparat ersetzt. Am 1. Januar, wenn die Völker brutfrei sein sollten, träufelt man zudem Oxalsäure (3,5 Prozent Dihydrat in 1 Prozent Saccharose) in einer Dosis von 7 ml pro Wabengasse zwischen die besetzten Waben. Erfahrene Imker in meiner Gegend waren überrascht, als sie bei der Verabreichung von Oxalsäure mitten im Winter – einer Zeit, in der das Öffnen von Bienenstöcken früher als Frevel galt – feststellten, dass einige ihrer Völker kleine Brutfelder enthielten!

Anfangs imkerte ich eher konventionell: Rähmchen, Standard-Mittelwände, Königinnen-Absperrgitter, fast wöchentliche Kontrollen auf Königinnenzellen und künstliche Schwarmvorwegnahme, um natürliches Schwärmen zu verhindern, Aufsätze, Wägen der Beuten nach der Ernte und Füttern der zu leichten Völker mit Zuckersirup. Aber in meinem zweiten Jahr, als aus den vier Ablegern sieben Völker geworden waren, begann ich mich zu fragen, wie ich meine Imkerei natürlicher gestalten könnte. Einige Jahre bevor ich mit der Imkerei begonnen hatte, hatte ich Rudolf Steiners Vorlesungen über Bienen[27] gelesen. Ich fragte mich, ob die moderne Imkerei für die Erhaltung der Bienengesundheit vielleicht nicht optimal geeignet sei. Im Jahr 2004 zweifelte ich sogar daran, ob die von mir gehaltene Honigbienenart gut genug an den Standort angepasst war. Ihrer Farbe nach zu urteilen, schienen sie Mischlinge zu sein. Die Abbildungen auf Seite 16 zeigen die abdominalen Ringe, die ich auch bei Bienen am Flugloch oder auf den Waben sah. Das Farbspektrum von fast ganz schwarz bis zu einigen helleren Ringen deutet darauf hin, dass es zu einer Vermischung oder Introgression von Genen aus verschiedenen Bienenrassen gekommen ist.

Aber gelegentlich hatte ich auch Bienenvölker mit durchgängig dunklen Bienen und Königinnen.

Dunkle Bienen am Eingang eines Bienenvolkes

Eine meiner dunkleren Königinnen

Bienen auf *Cotoneaster,* 250 m von meinem Bienenstand entfernt

Würde es den Bienen besser gehen, wenn sie der ursprünglich in der Region heimischen Dunklen Biene, der *Apis mellifera mellifera* (AMM), ähnlicher wären und daher wahrscheinlich genetisch und phänotypisch besser an das Klima, das Futter usw. angepasst wären? Viele würden diese Frage bejahen. John Dews spricht sich dafür aus,[28] und es gibt inzwischen ein internationales Honigbienen-Zuchtnetz, das die Verluste von Bienenvölkern durch die Züchtung lokal angepasster Honigbienen verringern will.[29] Mir schienen zwei Tests möglich: Entweder unter meinen Bienen diejenigen zu suchen, die der AMM am ähnlichsten sind, und mit ihnen zu züchten. Oder reine AMM zu kaufen, zum Beispiel von einer Inselzuchtstation in Dänemark. Letzteres schloss ich aus, zum einen wegen der Schwierigkeit, die Rassereinheit in einem Gebiet aufrechtzuerhalten, das von anderen Bienenvölkern (sowohl bewirtschafteten als auch wilden) umgeben ist, und zum anderen wegen der Wahrscheinlichkeit, dass es einem importierten Ökotyp an meinem Standort nicht gut gehen würde.

Die erste Option schien jedoch eine Untersuchung wert zu sein, zumal es nicht notwendig war, nicht einheitlich dunkle Bienenvölker als Ausgangsmaterial auszuschließen. Jüngste DNA-SNP-Forschungen haben nämlich gezeigt, dass dunkle Bienen mit gelben Streifenmustern genetisch rein oder nur geringfügig introgressiert sein können.[30] Die Autorenschaft dieser Studie ist – nota bene – der Ansicht, dass AMM-Züchtende ihre Völkerselektion anhand Hinterleibspigmentation vornehmen könnten, wenn sie keine genetischen Werkzeuge haben.

Die Tatsache, dass die Bee Improvement and Bee Breeders Association daran war, Projekte zur Selektion von Bienen mit Merkmalen, die der einheimischen Biene am ähnlichsten sind, durchzuführen, ermutigte mich zusätzlich, das Potenzial meiner Bienen zu prüfen.[31]

Um einen Rassentyp zu untersuchen, hat der normale Imkernde die Möglichkeit, Verhaltensmerkmale zu beobachten oder eine morphometrische Analyse durchzuführen. Eine gängige Technik für Letzteres ist die Flügelmorphometrie: Ich habe dies mit je 28 Arbeitsbienen aus jedem meiner Völker durchgeführt. Der rechte Primärflügel jeder Biene wurde mittels eines hochauflösenden Scans abgebildet, die Koordinaten bestimmter Flügeladerverbindungen in einer Bildsoftware abgelesen. Dann wurden in einer Tabellenkalkulation der Kubitalindex (Ci) und die Diskoidalverschiebung (DsA) jedes Flügels berechnet und die Ergebnisse in einem Diagramm dargestellt. Die Ergebnisse waren etwas entmutigend. Kein Volk erfüllte die AMM-Kriterien, und nur eins der sieben Völker erfüllte sie annähernd. Die obere Abbildung auf Seite 18 zeigt die Ergebnisse für dieses Volk. Wäre die Anpassung extrem gut (also ein Ci von weniger als 2,1 und ein negativer DsA), würden alle Punkte innerhalb der rechts und links mit roten Linien begrenzten Box liegen.[32]

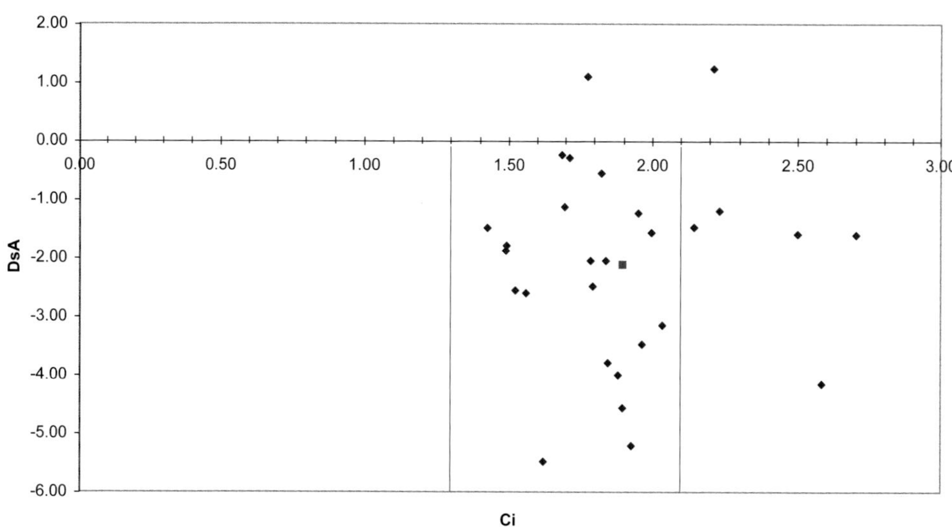

Ergebnisse der Flügelmorphometrie für ein Baumvolk

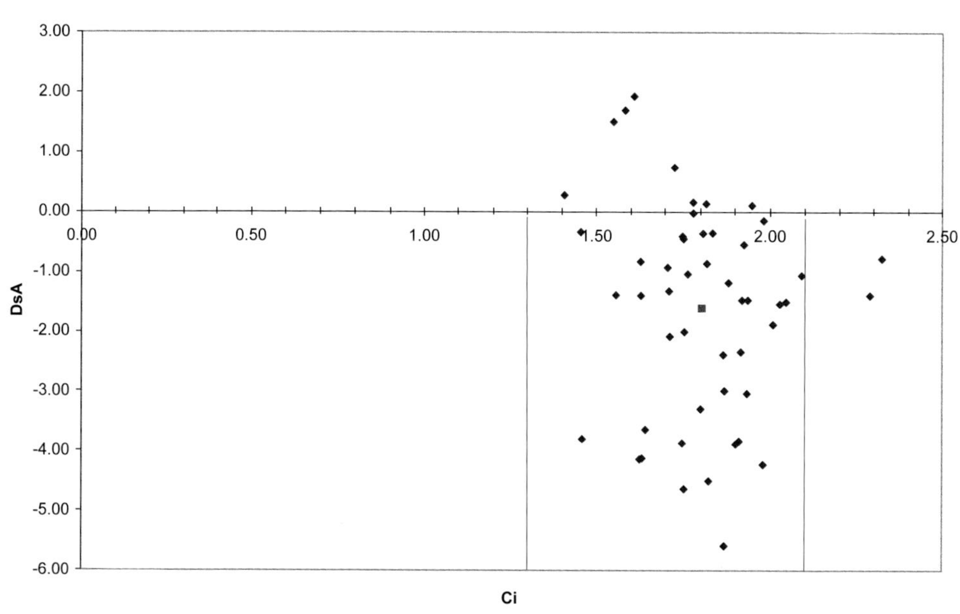

Ergebnisse der Flügelmorphometrie für das Volk «Kinlet 2»

Bessere Ergebnisse erzielte ich mit einem Bienenvolk, das in einem hohlen Baum lebte (untere Abbildung auf Seite 18). Dass es immer noch möglich ist, ein hohes Maß an Ursprünglichkeit in den Honigbienenvölkern in Wales zu finden, zeigen auch die DNA-Forschungen von Dylan Elen.[33]

Da es mir angesichts meines Ausgangsmaterials äußerst schwierig erschien, meine Bienen «einheimischer» zu machen, suchte ich andere Möglichkeiten, meine Bienenhaltung naturgemäßer zu gestalten. Als eine offensichtliche Veränderungsmöglichkeit bot sich die Wabenart an. Die Wabe kann als Skelett, Gebärmutter, Speisekammer, Kommunikationsnetz und Wärmedämmung des Bienenvolkes betrachtet werden. In Internetforen fand ich Beschreibungen von Oberträger-Trogbeuten mit vollständigem Naturbau. Andere Beiträge bezogen sich auf die Verwendung von kleinzelligen (4,9 mm) Mittelwänden, weil diese natürlicher seien und die Bienen besser dabei unterstützten, mit Krankheitserregern und Schädlingen fertigzuwerden. Ich zog die Option der kleinen Zellen sehr ernsthaft in Erwägung und ging sogar so weit, mir die entsprechenden Mittelwände (4,9 und 5,2 mm) zu kaufen, um Pressplatten herzustellen. Aber je mehr ich mich damit beschäftigte, desto überzeugter war ich, dass man die Bienen ihre Wabengröße selbst bestimmen lassen sollte. Die biotechnische Behandlung mit kleinen Zellen wird auf Seite 80 behandelt.

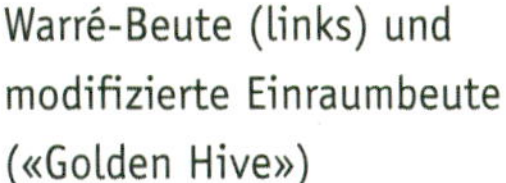

Warré-Beute (links) und modifizierte Einraumbeute («Golden Hive»)

Deshalb habe ich begonnen, in den «National»-Beuten mit Naturbau zu arbeiten. Es war ein Leichtes, einen 20-mm-Streifen aus Mittelwänden zu schneiden und in die Rillen der (ungedrahteten) Rähmchen zu klemmen. Als ich diese Rähmchen im Frühjahr in das sich ausbreitende Brutnest einsetzte, erstaunte mich das Ergebnis. Die Bienen bauten jede Menge Drohnenwaben; von halben Waben mit klaren Übergängen zu Arbeiterinnenbrutzellen in der Mitte bis hin zu ganzen Drohnenwaben. Es war, als hätte ich die ganze Zeit einen Drang unterdrückt, indem ich den Bienenvölkern nur Arbeiterinnenmittelwände gab. Bis dahin wurde ein Großteil der Drohnenzellen unter den Rähmchen in der Lücke über den von mir verwendeten Gitterböden gebaut, obwohl ich manchmal auch «Umbauen», also Drohnenzellen auf Arbeiterinnenmittelwänden, beobachten konnte. In den Studien von Seeley und Morse liest man, dass natürliche Honigbienennester im Durchschnitt 17 Prozent Drohnenwaben haben und dass etwa fünf Prozent eines Volkes aus Drohnen bestehen.[34]

Durchsicht einer modifizierten Einraumbeute («Golden Hive»); links Kissen-Zargen und Abdecktuch für die Oberträger

Ich machte mit natürlichen, mittelwandlosen Waben in den Brutkästen meiner «National»-Beuten weiter. Damit verringerte ich das Risiko, dass über (oft kontaminierte) Mittelwände Pestizide ins Volk gelangten.[35, 36] Beim Einlogieren eines Schwarms platzierte ich einen ausgebauten Rahmen in die Mitte, um sicherzustellen, dass die Rahmen richtig ausgerichtet ausgebaut werden, wenn das Brutnest nach außen wächst. Im Jahr 2007 begann ich, auf Warré-Beuten umzusteigen, ganz auf Naturbau ohne Wabenrahmen. Zum Zeitpunkt der Abfassung dieses Berichts (2022) halte ich zudem noch ein Volk in einer «National»-Beute und zwei weitere Völker auf Naturbau in Wabenrahmen in Trogbeuten. Eine der beiden ist eine sogenannte Einraumbeute, die von Mellifera e. V. in Deutschland entwickelt wurde,[37] beim anderen handelt es sich um eine Abwandlung der Beute von Fedor Lazutin.[38] Die Einraumbeute wird im Vereinigten Königreich und in den USA oft als «Golden Hive» (goldene Beute) bezeichnet, da sowohl die Rahmen als auch das Magazin dem goldenen Schnitt entsprechen. (Die Rahmen entsprechen allerdings auch einer um neunzig Grad gedrehten Dadant-Brutwabe. Da diese Beute früher entwickelt worden ist, verdient also eigentlich eher die Dadant-Beute den Spitznamen «golden».) Die «doppelt tiefen» Waben in den waagerechten Beuten ermöglichen ein vertikal ununterbrochenes Brutnest, das heißt, das Nest wird nicht durch Holzleisten zweigeteilt (Abbildung auf Seite 22 links).

Schwarm, der in eine modifizierte Lazutin-Beute einzieht.

Geöffnete modifizierte Lazutin-Beute mit Kissen-Zarge und Deckel im Hintergrund

Ich kann nicht behaupten, dass meine Bienen durch die vollständige Umstellung auf Naturbau besser gegen Schädlinge und Krankheitserreger gewappnet sind oder dem rauen walisischen Klima besser trotzen, aber zumindest wurde damit ein künstlicher Zwang beseitigt, der den Honigbienen in ihrer langen Evolutionsgeschichte erst vor Kurzem aufgebürdet wurde.

«National»-Beute, Einraumbeute und modifizierter Lazutin-Rahmen, Letzterer mit Bambus-Stabilisationsstiften

Modifizierte Lazutin-Wabe, Naturbau

Bei der Umstellung auf eine Imkerei ohne Mittelwände erwog ich eine Umstellung auf den kenianischen «Top-Bar-Hive» (kenianische Oberträger-Beute). Dieser wurde 1965 von Tredwell und Paterson entwickelt, basierend auf einem schon länger existierenden, griechischen Beutekonzept. Die Beute wurde in den 1970er-Jahren in Kenia im Rahmen eines Entwicklungsprojekts der Universität von Guelph für ländliche Gegenden eingesetzt.[39] Im Prinzip besteht die Beute einfach aus einer rechteckigen Kiste – in der Regel mit V-förmigem Querschnitt – mit aneinandergereihten Holzleisten, welche auf den Längsseiten des Rechtecks aufliegen. Die Leisten schließen das Wabennest gegen oben ab. Zusätzlich wird ein wetterfestes Dach über die Beute gelegt. Meine anfänglichen Bedenken gegenüber diesem Beutetypen waren, dass die Beute (aus einer Vorlage einer warmen Region) für ein heißes Klima adaptiert wurde. Ich bezweifelte, dass er im wilden, nassen und windigen Westwales eine zufriedenstellende thermische Leistung erbringen würde. Diese Zweifel an der Eignung dieses Beutetyps für ein kühles Klima scheinen durch die Erhebungen über Honigbienen im Pazifischen Nordwesten bestätigt zu werden (siehe Seite 100). Für ein Beutesystem mit Oberträger schien ein Futterabriss-Risiko zu bestehen, weil nicht alle Honigvorräte über der Traube liegen. Die Bienen müssten sich seitwärts bewegen, was bei frostigem Wetter schwierig ist. Ich wurde jedoch darüber informiert, dass die Oberträger-Beute in Alaska funktioniert hat, wenn auch mit zusätzlicher dicker Isolation.

Ein weiterer Aspekt der Oberträger-Beute, der mich zögern ließ, ist die Notwendigkeit eines regelmäßigen Waben-Managements. Zum einen werden die Waben, je weiter das Nest in den Honigraum hinüberwächst, immer gekrümmter und kreuzen schließlich zwei oder mehr Oberträger, was die Wabenentnahme schwierig macht. Dies kann zwar vermieden werden, aber nicht ohne Eingriffe in das Bienenvolk. Das Buch über die Oberträger-Imkerei von Les Crowder und Heather Harrell wurde erst 2012 veröffentlicht.[40] Die elf Seiten mit detaillierten und klaren Diagrammen zum Waben-Management übers ganze Jahr bieten eine gute Grundlage für jeden, der diesen Beutetyp ausprobieren möchte. 1995 verkaufte der in New Mexico lebende Crowder seine 100 Langstroth-Beuten und stellte seine kommerzielle Imkerei vollständig auf Beuten mit Oberträgern um. Im warmen Klima von New Mexico gediehen die Topbar-Bienenvölker gut. Nach und nach gelang es Crowder, seine Imkerei ohne Varroa-Behandlungen zu führen, indem er resistente Bienen kaufte, die aus russischen Importen in den USA gezüchtet worden waren. Was ihm auch geholfen haben könnte, ist die Verbreitung afrikanisierter Honigbienen nach New Mexico in den späten 1990er-Jahren. Diese Bienenrasse ist bekannt dafür, dass sie eine gute Varroa-Resistenz/-Toleranz aufweist.

Nachdem ich mich gegen Trogbeuten entschieden hatte, fragte ich mich 2006, welche anderen Möglichkeiten es gäbe, meine Bienenhaltung natürlicher zu gestalten. Ein Freund schickte mir die ersten beiden Kapitel eines Buches des österreichischen Imkers Johann Thür, der eine Beute für Naturbau entwickelt hatte, die aus einem Stapel von Kästen (Magazinen) besteht, wobei jedes Magazin acht Wabenleisten hat.[41] Thür bezeichnete sie in seinem zweiten Kapitel als «Naturwaben-Magazinbeute». Es ist jedoch anzumerken, dass der Imkernde durch die Positionierung der Waben einen Abstand festlegt, der nicht unbedingt mit dem übereinstimmt, den die Bienen gewählt hätten. Wir sollten daher von naturnahen Waben sprechen. Thürs Beute wurde auch als Stabilwaben-Beute bezeichnet, weil die Bienen die Wabenränder an die Kastenwände fest anbauen. In seinem ersten Kapitel stellte Thür sein Gesetz der Nestduftwärmebindung vor, welches die Erhaltung von Nestgeruch und Wärme beschreibt. Er argumentierte, dass dieses Gesetz in einem Bienenstock mit festen Waben (sogenanntem Stabilbau) besser eingehalten wird, während Beuten mit ziehbaren Waben dagegen verstoßen, insbesondere wegen der Lücken zwischen den

Wabenrahmen und den Beutewänden, dem sogenannten Bienenabstand. Ich habe die Idee der Nestduftwärmebindung von Thür an anderer Stelle weiterentwickelt und dabei, soweit möglich, ihre Auswirkungen auf die Gesundheit der Bienenvölker auf der Grundlage der verfügbaren wissenschaftlichen Literatur hervorgehoben.[42]

Als ich meinem Freund, der mir die Thür-Kapitel schickte, mitteilte, dass ich das Thür'sche Beutekonzept ausprobieren wolle, schickte er mir Pläne für eine, wie er es nannte, modernere Interpretation davon. Ich fand bald heraus, dass es sich bei diesen Plänen um eine modifizierte Warré-Beute handelte, die von Frèrès und Guillaume entwickelt worden war und die sie «la ruche écologique» (die ökologische Beute) nannten.[43] Ich habe mich weitgehend an ihre Pläne gehalten, um meine ersten sechs Warré-Beuten zu bauen. Der Hauptunterschied zum ursprünglichen Warré besteht in einem Fenster an der Rückseite, das mit einem isolierenden Brett verschlossen wird, sowie einem belüfteten Raum unterhalb des Deckels. Anstelle des Originaldeckels habe ich ein sogenanntes Teleskopdach nach dem Vorbild der «National»-Beute verwendet, dessen Maße natürlich angepasst werden mussten.

Im Jahr 2007 logierte ich Völker in meine sechs Warré-Beuten ein. Die ersten beiden bestückte ich mit Kunstschwärmen von Völkern aus «National»-Beuten, die kurz vor dem Schwärmen standen. In die übrigen kamen Schwärme, die auf meinem Bienenstand oder in der Nähe eingefangen wurden. Im selben Jahr entdeckte ich Warrés Buch «L'Apiculture pour Tous», das im Internet neu aufgelegt worden war.[44] Im Sommer übersetzten meine Frau Pat und ich das Buch ins Englische und veröffentlichten es zum kostenlosen Download im Internet.[45] Ich habe die Vorteile der Warré-Beute in meinem Buch «The Bee-friendly Beekeeper – a Sustainable Approach» erörtert. Der Verlag Northern Bee Books lud mich außerdem ein, ein Handbuch über die Warré-Betriebsweise zu verfassen.[46] Es genügt daher, wenn ich hier meine Bienenhaltung mit der Warré-Beute kurz umreiße.

Ich halte meine Bienenvölker an bis zu acht Standorten um das Dorf herum, in dem ich wohne. Im Durchschnitt sind es weniger als zwei Völker pro Standort; allerdings zählt mein Hauptstandort etwa ein halbes Dutzend Völker. Von April bis Juli besiedle ich leere Beuten, die aus mindestens zwei Zargen bestehen, beide mit schon vorbereiteten Wachsstreifen für den Wabenbau. Ich lasse Schwärme einziehen, die ich entweder in Lockbeuten oder frei hängend vor Ort gefangen habe. Nur gelegentlich fange ich einen Schwarm ein, der sich in einem Gebäude niedergelassen hat (Fassade, Kamin usw.). Sobald sich die Schwärme eingelebt haben, füttere ich sie mit etwa einem Kilogramm meines eigenen Honigs. Wenn das Bienenvolk wächst, werden weitere Zargen untersetzt. In der ersten Saison ernte ich keinen Honig. Vor der Ernte Anfang September, wenn die Efeutracht gerade einsetzt, hebe ich die Zargen mit den Honigvorräten mit einer Kofferwaage an, normalerweise nur die beiden obersten. Die oberste Zarge ernte ich – unter Verwendung einer Bienenflucht – erst, wenn die zweite Zarge darunter mindestens neun Kilogramm Honig enthält. Das bedeutet, dass ich nur überschüssigen Honig ernte. Ende September (als Vorbereitung für den Winter) schätze ich die Vorräte aller Bienenvölker und füttere diejenigen, die sich nicht selbst versorgen konnten, bis ihre Vorräte etwa neun Kilogramm betragen. Gefüttert wird mit Zuckersirup im Verhältnis zwei zu eins, manchmal ergänzt durch Honig. Der durchschnittliche Gewichtsverlust von neun Warrés zwischen dem 31. Oktober 2019 und dem 31. März 2020 betrug 6,4 Kilogramm, sodass ein Zielwert von neun Kilogramm für einen Wintervorrat für meinen Standort angemessen erscheint. Ich beobachte die Aktivität an den Fluglöchern regelmäßig und achte genauer und häufiger auf alle Völker, deren Größe stark schrumpft. Wenn bei weiteren Kontrollen keine Verlangsamung des Zusammenfalls eintritt, schaue ich nach. Ich schaue von unten in die Beute, so wie man das bei Korbbeuten tut. Wenn ein Volk seine Königin verloren hat, schüttele ich die Bienen aus der Beute, ernte den Honig und verarbeite die Waben zu Wachs.

Bienenstand mit Warré-Beuten in der Ecke eines Feldes

Da ich bei meinen Bienenvölkern die Königinnen nicht auswechsle und durch regelmäßige Beobachtung ausschließen kann, dass Schwärme die ursprünglichen Völker verdrängt haben (Usurpation), kann ich das Alter meiner Völker ab Einlogieren in eine Beute festhalten. Zum Zeitpunkt der Erstellung dieses Berichts (Juli 2022) liegt das Durchschnittsalter aller Bienenvölker, die einen Winter überlebt haben, bei 64 Monaten, wobei sich die Altersspanne von 13 bis 146 Monaten erstreckt. Dieses maximale Alter wurde vom Bienenvolk im linken Warré auf der Abbildung oben erreicht. Ich hatte zwei andere Bienenvölker, die bis zu neun Jahre alt wurden, bevor die Königin endgültig ausfiel beziehungsweise nicht rechtzeitig still umgeweiselt wurde.

Ich behandelte meine Warré-Bienenvölker von Anfang an nicht gegen die Varroa. Bevor ich mit dem Warré-Projekt begann, hatte ich von den unbehandelten Bienenvölkern im Arnot Forest im Bundesstaat New York gelesen, die trotz Varroa und der von ihr übertragenen Viren überlebten.[47] Ebenso waren mir die ursprünglich behandelten Bienenvölker auf der schwedischen Ostseeinsel Gotland, die dort ohne Varroa-Behandlung überlebten,[48] bekannt. Ich hielt es für sehr wahrscheinlich, dass die Bienen im Laufe ihrer Evolution (welche fossilen Beweisen zufolge schon mindestens 65 Millionen Jahre andauert)[49] bereits Methoden zum Umgang mit Parasiten entwickelt haben. Ich vermutete also, dass sie ihr genetisches «Wissen» nur an den neuen Parasiten, die Varroa, anpassen mussten. Außerdem war schon lange bekannt, dass die Asiatische Honigbiene *Apis cerana*, von welcher die Milbe auf *Apis mellifera* übersprang, gut an die Varroa angepasst ist und mit ihr in Einklang lebt.[50]

Allerdings waren meine Winterverluste in den ersten Jahren beunruhigend, wenn nicht gar schockierend. Im Durchschnitt aller Jahre seit 2007 (das Jahr, in dem ich mit Warrés begann) liegen die Verluste bei 16 Prozent. Das ist höher als der Durchschnitt fürs Vereinigte Königreich vor der Varroa, welcher zehn Prozent beträgt.[51] Diese 16 Prozent enthalten jedoch auch die Daten des miserablen Winters 2010/2011. Im Vergleich zum Durchschnitt für denselben Zeitraum, der in Erhebungen des britischen Imkerverbands (BBKA) ermittelt wurde, sind meine Zahlen sehr gut, wie aus untenstehender Tabelle der Winterverluste hervorgeht. (Die BBKA-Erhebung erfasst Völker auf fünf oder weniger Waben nicht.)

Winter	eingewinterte Völker	überlebende Völker	Verlust in %	BBKA-Verlust in %[52]
2007/2008	6	6	0,0	30,5
2008/2009	11	6	45,5	18,7
2009/2010	12	10	16,7	17,3
2010/2011	12	4	66,7	13,6
2011/2012	15	13	13,3	16,2
2012/2013	12	12	0,0	33,8
2013/2014	15	14	6,7	9,6
2014/2015	14	13	7,1	14,5
2015/2016	12	9	25,0	16,7
2016/2017	13	13	0,0	13,2
2017/2018	13	11	15,4	25,0
2018/2019	10	10	0,0	8,5
2019/2020	9	8	11,1	17,3
2020/2021	9	9	0,0	18,6
2021/2022	6	6	0,0	17,0
Gesamt	**169**	**144**	**14,7 (ø)**	**18,0 (ø)**

Im Winter 2010/2011 erlitten zwei Imker in meiner Nähe schwere Verluste. Einer, der Varroa-Behandlungen durchgeführt hatte, verlor alle seine zwölf Bienenvölker. Ein anderer, von dem ich später erfuhr, dass er nicht behandelt hatte, verlor 54 seiner 94 Bienenvölker. Im November 2010 herrschten spezielle meteorologische Bedingungen. Zu Beginn des Monats war es ungewöhnlich warm, und viele Völker standen noch in der Brut. In der Nacht zum 23. November fiel die Temperatur plötzlich auf minus zehn Grad Celsius. Einige Bienenvölker verhungerten, weil sie nicht mehr ans Futter kamen (Futterabriss). Trotz meiner Verluste machte ich ohne Varroa-Behandlung weiter und stellte fest, dass die durchschnittlichen Verluste über die Jahre erträglich wurden. Am 1. Januar 2009 machte ich die allerletzte Oxalsäure-Sprühbehandlung bei den «National»-Beuten. Zum Zeitpunkt dieses Berichts ist meine Imkerei seit über zehn Jahren völlig frei von chemischen Behandlungen. In den elf Wintern bis 2022 betragen meine Winterverluste durchschnittlich 7,1 Prozent, wenn man die schlimmen frühen Verluste aus der obigen Tabelle weglässt.

Vergleicht man die durchschnittlichen BBKA-Verluste mit meinen Daten von 2007 bis 2022, könnte man sich fragen, ob eine Varroa-Behandlung überhaupt vorteilhaft ist. Vielleicht bekämpfen einige BBKA-Mitglieder, die an diesen Erhebungen teilgenommen haben, ihre Varroa nicht genau nach den Empfehlungen der britischen National Bee Unit.[53] Für den Sommerbehandlungszeitraum (August bis September) waren durchschnittlich 25 Prozent der befragten Mitglieder Nichtbehandler, für den Winterzeitraum (1. Oktober 2019 bis 1. April 2020) waren es 37 Prozent.[54] Aus dem zitierten BBKA-Zusammenfassungsbericht geht nicht hervor, wie viele Imkernde überhaupt nicht behandelt haben, aber diese Zahl wird in einem vollständigen Bericht demnächst veröffentlicht werden. Für den Zeitraum August 2019 bis April 2020 sind es 13,6 Prozent.[55] Im BBKA-Bericht zu den Erhebungen von 2021 und 2022 geben 27 Prozent beziehungsweise 33 Prozent an, nicht behandelt zu haben.[56] Die National Bee Unit des Vereinigten Königreichs führt seit mindestens 2008 Erhebungen über die Bienenhaltung durch. Gemäß den Berichten der Jahre 2008 bis 2009 und 2009 bis 2010 behandelten 95 Prozent beziehungsweise 94 Prozent gegen die Varroa. Nach 2010 werden keine Daten über die Einhaltung der Behandlungsvorschriften mehr publiziert.[57]

Seit 2004 führe ich Buch über Schwärme in meiner Gegend und an meinen Standorten. Neben dem Datum halte ich Folgendes fest: «gesehen und nicht eingefangen», «eingefangen», «in Lockbeute eingezogen». Einige dieser Schwärme stammen möglicherweise von wilden Bienenvölkern aus dem Bezirk, von denen mir derzeit acht bekannt sind. Der Jahresdurchschnitt für alle erfassten Schwärme liegt bei zwölf. Ich habe immer genügend Schwärme, um Völkerverluste zu ersetzen oder meine Völkerzahl zu erhöhen, und konnte in den letzten Jahren mehrere Schwärme an benachbarte Imkernde abgeben. Im Sommer 2020 waren es drei. Diese Fülle an Bienenvölkern kann als Indikator für eine gesunde Population lokaler Bienen – in Bienenhaltung oder wild lebend – gedeutet werden.

Anstelle von Schwarmkontrolle betreibe ich Schwarm-Management. Da ich im Home-Office arbeite, ist es relativ einfach, die Schwarmsituation im Auge zu behalten. Mein Schwarm-Management beinhaltet das Aufstellen von Lockbeuten (Schwarmfangkisten oder -beuten) Ende März. Eine Bauanleitung für Lockbeuten finden Sie in einer hervorragenden Broschüre der Cornell Co-operative Extension[58] oder auf meiner Website[59]. In Deutschland und möglicherweise auch in einigen anderen Ländern ist es nicht erlaubt, eine früher von Bienen bewohnte Behausung als Lockbeute zu verwenden. Wenn man die Lockbeuten regelmäßig kontrolliert, entdeckt man einen Schwarm bald nach Einzug und kann ihn rasch in eine richtige Beute umquartieren. Man muss jedoch nicht warten, bis der gesamte Schwarm eingezogen ist. Zahlreiche Kundschafterinnen in einer Lockbeute deuten in der Regel darauf hin, dass sich ein Schwarm – auf der Suche nach Behausung – in der Nähe befindet. Ich habe zum Beispiel eine solche Lockbeute an der Rückwand meines Hauses. Dank regelmäßigen Kontrollen (an besonders schwülen Tagen in der Schwarmzeit von Mai bis Juli manchmal stündlich) werde ich gewarnt und kann nach einem Schwarm in meinem 250 Meter entfernten Hauptstandort suchen gehen. Ein weiterer glücklicher Umstand, der diese Vorgehensweise ermöglicht, ist die Tatsache, dass sowohl Faulbrut (AFB) wie auch Sauerbrut (EFB) in meiner Gegend verschwindend wenig vorkommen. Andernfalls müsste ich einen Quarantänebienenstand einrichten und die entsprechenden Vorsichtsmaßnahmen ergreifen, um die Bienenvölker von den Faulbrutsporen zu befreien. Dies, indem ich sie drei Tage lang Waben bauen ließe, damit sie den mitgetragenen Honig aufbrauchen. Die Waben würden dann entnommen und zerstört, der Schwarm gefüttert und der gesamte Vorgang (Waben bauen lassen und entfernen) wiederholt.

Eine Lockbeute, die in meinem Fall nur eine vorübergehende Behausung für Bienen ist, kann durchaus auch leicht und dünn sein. Wolfgang Ritter hat vorgeschlagen, DHL-Postkartons als Einweg-Schwarmfangkästen zu verwenden. Er war an der Formulierung des deutschen Gesetzes beteiligt, nach welchem leere von Bienen schon einmal bewohnte Beuten bienendicht verschlossen werden müssen. Neue, leere Postkartons sind keine «schon einmal bewohnte Beuten».[60]

Da auch andere Imkerinnen und Imker in meiner Region die Varroa-Behandlung eingestellt hatten, wurde die Forschung aufmerksam auf unsere überlebenden Bienenvölker. Von Januar bis September 2016 testete Jessica Kevill fünf meiner Warré-Bienenvölker auf das Deformed Wing Virus (DWV), ein Virus, das von der Varroa übertragen wird. Sie fand zwischen 1×10^9 und 6×10^{13} Kopien des DWV, fast alle vom Typ B. Detaillierte Ergebnisse für meine Bienenvölker und diejenigen anderer Imkernden im Vereinigten Königreich wurden als Zusatz zu ihrer Arbeit veröffentlicht.[61] Darüber hinaus hat George

Eine Lockbeute (ein sogenannter Sentinel-Bienenstock als Anzeiger) an der Rückwand meines Hauses

Hawkins 2019 Brutproben von meinen drei einzigen Völkern in Beuten mit Rahmen (modifizierte Lazutin-, «National»-Beute und eine Einraumbeute) entnommen, um die Wiederverdeckelung (Recapping), den Milbenbefall und die Vermehrung zu untersuchen. Er fand 5, 75 beziehungsweise 80 Prozent Wiederverdeckelung in befallenen Zellen und etwa 5, 25 und 25 Prozent in nicht befallenen Zellen. In denselben Proben lag die Varroa-Vermehrung bei 50, 40 beziehungsweise 65 Prozent. Die beiden hohen Wiederverdeckelungsraten lagen dabei über dem Durchschnitt von resistenten Bienen, während die Befallsraten ziemlich typisch für resistente Bienen (acht bis zwölf Prozent) ausfielen. Die Reproduktion war insgesamt – wie für resistente Bienen zu erwarten – niedrig.[62]

Ich beziehe mich in diesem Buch in mehreren Kontexten auf Winterverluste. Eine niedrige Verlustrate bedeutet nicht unbedingt, dass die Bienen vor Gesundheit strotzen. So deuten zum Beispiel meine hohen Wiederverdeckelungsraten darauf hin, dass die Bienen mit der Varroa zu kämpfen hatten. Die Bienenvölker sind also offensichtlich nicht varroafrei, wie John Kefuss und einige andere behandlungsfreie Imkernde von ihren Bienenvölkern behaupten und sogar einen Cent für jede Milbe bieten, die man in den Völkern findet.[63]

3 Darwinistische Bienenhaltung

Im Jahr 1999 wurden 150 Bienenvölker auf der südlichen Landenge der schwedischen Ostseeinsel Gotland angesiedelt. Sie wurden absichtlich mit Milben infiziert. Die Bienen wurden nicht gegen Varroa behandelt, und man ließ sie frei schwärmen.[64] Das Projekt wurde später in Forschungskreisen als «Bond-Projekt» bezeichnet, in Anlehnung an den James-Bond-Film «Leben und sterben lassen».[65] Wie sich herausstellte, war es vor allem «sterben lassen», denn 2004 waren nur noch sechs der ursprünglich angesiedelten Bienenvölker am Leben. Auch bei den bereits erwähnten wilden Bienenvölkern, die trotz Varroa im Arnot Forest im Bundesstaat New York überlebten, gingen vermutliche viele Völker ein. Darauf weisen DNA-Analysen von Museumsexemplaren hin, die aufzeigen, dass die Bienen einen mitochondrialen Engpass durchgemacht hatten. Dieser war durch ein massives Bienensterben seit der Ankunft der Varroa in diesem Gebiet verursacht worden.[66] Die Autoren der beiden zuletzt genannten Arbeiten weisen ausdrücklich darauf hin, dass bei dem massiven Sterben natürliche Selektion eine Rolle spielte. Und 2015 sagten Tom Seeley und sein Team:

> « Wenn man eine isolierte Population von Honigbienenvölkern natürlich leben lässt, wird sich eine ausgewogene Beziehung zwischen Biene und den Krankheitserregern entwickeln. Es ist sogar wahrscheinlich, dass sich die Population gut an ihre lokale Umgebung als Ganzes anpasst. Wir schlagen vier Möglichkeiten vor, die Imkereipraktiken zu ändern, um den Honigbienen ein gesünderes Leben zu ermöglichen. »[67] [übersetzt]

Die vier von Seeley und Team vorgeschlagenen Änderungen sind: 1) nicht mehr gegen die Varroa behandeln; 2) die Abstände zwischen Völkern vergrößern; 3) kleinere Völker halten und 4) Völker so wenig wie möglich verstellen.

In diesem Kapitel geht es um den ersten Vorschlag; die anderen drei werden in Kapitel 8 behandelt.

Die zentralen Begriffe dieser Studien sind «natürliche Selektion», «Koevolution von Wirt und Parasit», «überlebende Population» und «wilde Honigbienen». Meine Betriebsweise war und ist also eindeutig ebenfalls ein kompromissloses «Bond-Projekt».

Der Begriff «darwinistische Bienenhaltung» wurde erst 2016 in Imkerkreisen gebräuchlich, nachdem er von Tom Seeley und anderen Teilnehmenden an der Konferenz *Bee Audacious* am 14. Dezember 2016 an der Dominican University of California erstmals verwendet wurde.[68]

Im selben Jahr wird das Konzept der darwinistischen Imkerei/Bienenhaltung zum ersten Mal im Artikel von Neumann und Blacquière erwähnt.[69] Die Autoren betrachten Bienenhaltung als Bestandteil der Bienengesundheitsproblematik – eine für Apidologen erfrischend neue Perspektive. Sie weisen auf die mit der Imkerei verbundenen Probleme hin beziehungsweise schlagen eine Reihe von Verbesserungen vor:

- Die Varroa-Behandlung stoppt die Koevolution durch natürliche Selektion zwischen Wirt und Parasit und führt Pestizide ein
- Zu hohe Völkerdichte
- Zu große Nester (Beuten)
- Völkerkontrollen beschädigen den fürs Immunsystem wichtigen Propolismantel
- Bienenstandorte sind nicht immer vorteilhaft bezüglich Trachtangebot
- Futtersirup ist weniger gesund als Honig
- Störung des Mikrobioms durch Verwendung von Chemikalien (Zucker gehört ebenfalls dazu!)
- Das «Kastrieren» von Völkern durch das Herausschneiden der Drohnenbrut wirkt sich negativ auf die «fitness»-fördernde Polyandrie aus
- Königinnenzucht
- Verhindern von natürlichem Schwärmen
- Bienen werden über große Entfernungen transportiert
- Manipulationen durch Imkernde begünstigen Erreger-Virulenz und erhöhen die horizontale Virus-Übertragung

Die meisten dieser Punkte wurden in meinem Buch «The Bee-friendly Beekeeper» aus dem Jahr 2010 schon erörtert; untermauert von den damals verfügbaren Forschungsarbeiten. Der Artikel von Neumann und Blacquière hat die Beweislage nochmals verstärkt. Sie verwenden den Begriff «natürliche Selektion» vierundzwanzig Mal in ihrem Artikel. In diesem Zusammenhang liegt damit die Vermutung auf der Hand, dass schwache Bienenvölker ohne jegliches Eingreifen des Menschen aussterben. Der Artikel könnte fast als ein Rezept für eine natürliche Bienenhaltung gelesen werden, vielleicht ergänzt mit Eigenschaften der Beute und der Erleichterung von Naturwabenbau.

Der Artikel von Tom Seeley, der den Begriff «Darwinian Beekeeping» (darwinistische Bienenhaltung) im Titel trägt, erschien 2017 in mehreren Zeitschriften.[70] Er listet zwanzig Unterschiede zwischen wilden und bewirtschafteten Bienenvölkern auf. Viele dieser Unterschiede gehen mit den oben aufgeführten Punkten im Artikel von Neumann und Blacquière einher, aber es gibt auch einige Ergänzungen:

- Wandstärke des Hohlraums und Thermoregulation im Allgemeinen
- Größe und Ausrichtung des Eingangs
- Ziehen von Waben
- Völkerkontrollen
- vom Imkernden eingeschleppte Schädlinge und Krankheiten
- Energieaufwand wegen Wachsentfernung

Auch hier steht die natürliche Selektion im Mittelpunkt des Artikels. Seeley verwendet den Begriff fünfzehn Mal. Gegen Ende des Artikels empfiehlt er jedoch, Varroa-anfällige Bienenvölker präventiv abzutöten, um zu verhindern, dass sie zu «Milbenbomben» werden – ein Begriff, der sicher seit 2011 verwendet wird.[71] Das Problem bei diesem Ratschlag ist, dass dabei natürliche Selektion manipuliert wird und das Vorgehen somit nicht mehr der darwinistischen Bienenzucht entspricht, wie ich an anderer Stelle ausführlicher beschrieben habe.[72] Es stellt sich die Frage, ob man überhaupt vorhersagen kann, ob ein Bienenvolk zu einer Milbenbombe wird. Ein gutes Beispiel dafür ist das Bienenvolk von Dorian Pritchard, das einen ungeheuer starken Varroa-Befall («monstrously heavy infestation») aufwies.[73] Wie bei seinen anderen Bienenvölkern ließ er sie unbehandelt, und innerhalb weniger Wochen hatte das Volk den Befall überwunden. Hätte er eine künstliche Selektion betrieben, das heißt, das Bienenvolk vorsorglich abgetötet, hätte er einen wichtigen Beitrag zur genetischen Fitness (Angepasstheit) und Widerstandsfähigkeit seiner Bienenpopulation verloren. Eine hohe Milbenbelastung ist also nicht unbedingt ein Hinweis auf eine drohende Milbenbombe, die verhindert werden muss.

Da mein Buch «The Bee-friendly Beekeeper» und die oben erwähnten Open-Access-Artikel von Neumann/Blacquière und Seeley eine wissenschaftlich fundierte Argumentation für eine natürliche, nachhaltige, bienenzentrierte, darwinistische Bienenhaltung liefern, scheint es mir überflüssig, die wissenschaftlichen Herleitungen an dieser Stelle aufzuführen. Weblinks zu diesen Arbeiten findet man in den Quellenangaben. Obwohl die meisten der oben aufgeführten Faktoren der Imkerschaft an sich seit Langem bekannt sind (teils schon seit Jahrzehnten), zögern viele mit der Umsetzung. Vielleicht gibt es

Faktoren, mit denen man zwar einverstanden wäre und die man auch wichtig findet, die man aber aus Angst um Ertragsverlust nicht verfolgt.

Dass das Prinzip der darwinistischen Bienenhaltung nicht einfach aus einer Laune von Träumern geboren wurde, zeigt ein wissenschaftlicher Artikel, der sich dafür ausspricht, und zwar auf Basis genau beschriebener Versuchsanlagen behandlungsfreier Projekte, die bereits seit zehn Jahren in den Niederlanden laufen.[74] Zur Autorenschaft dieser Publikation gehört Peter Neumann, der nicht nur Professor am Institut für Bienengesundheit der Universität Bern (Schweiz) ist, sondern auch Präsident der COLOSS Honeybee Research Association. COLOSS ist eine internationale Organisation, die unter anderem die Gesundheit der Honigbienen (einschließlich Völkerverlusten) in allen ihren 102 Mitgliedsländern überwacht. Somit ist die behandlungsfreie Bienenhaltung, zumindest in Bezug auf Varroa-Behandlung, mehrheitsfähig geworden. Gemäß dem Artikel «haben gezielte Züchtungsbemühungen bisher nicht zur Selektion toleranter oder resistenter Bienen geführt. Dagegen waren Ansätze der natürlichen Selektion in mindestens sieben Fällen erfolgreich.» Auf dieser Basis wurden Imkerei-Gruppierungen aufgerufen, sich an einem bereits laufenden natürlichen Selektionsprogramm, das auf dem oben erwähnten Versuchsplan basiert, zu beteiligen. An dieser Stelle muss jedoch darauf hingewiesen werden, dass die neuen Projekte, die im Rahmen dieses Programms in drei Ländern lanciert wurden, bis Dezember 2019 nur sehr gemischte Ergebnisse erzielt haben. Während 100 Prozent der behandelten Kontrollvölker an allen Standorten überlebten, schafften es von den Darwinistischen-Selektions-Testvölkern in den Niederlanden 87 Prozent, aber in Deutschland nur null Prozent.

Das Experiment wurde kritisiert, weil konventionelle Bienenbeuten verwendet wurden, deren Innenklima völlig anders ist als das, an das sich die Honigbiene über Jahrtausende hinweg angepasst hat.[75] Weiter gibt es diverse Punkte, die man an der Versuchsanordnung des Programms kritisieren könnte. Auch wenn es sich um eine sogenannte darwinistische Resistenzselektion in einer Blackbox handeln mag, entspricht sie in keiner Hinsicht den Kriterien der darwinistischen Bienenhaltung, die in den beiden vorher genannten Veröffentlichungen dargelegt wurden. Wenn Imkerinnen und Imker diese risikoreich scheinenden Experimente mit dieser – fürs Überleben der Honigbiene relativ neuen – Herausforderung der Varroa primär in nicht idealen Umgebungen durchführen, sollten sie vielleicht in Erwägung ziehen, zumindest einen Teil der Lebensbedingungen zu schaffen, an die sich *Apis mellifera* über die letzten dreißig Millionen Jahre angepasst hat. Da in den drei Projekten jedoch explizit mit heute gebräuchlichen Beutesystemen und deren typischer Bewirtschaftung (inklusiv Kontrollgruppen) gearbeitet werden sollte, ist diese Kritik nicht wirklich gerechtfertigt. Interessanterweise wird das Programm von Bayer Bee Care finanziert.

Update zu Milbenbomben

Kurz nach der ersten englischen Ausgabe dieses Buches wurde eine Forschungsarbeit veröffentlicht, die sowohl die Hypothese der Milbenbomben als auch die der Räuberfallen infrage stellt.[52] Die Autoren richteten einen «Milbenspender»-Stand mit zwei Völkern mit hohem Milbenbefall und zwei Völkern mit niedrigem Milbenbefall sowie acht Milbenempfänger-Stände ein. Diese lagen 0,8 beziehungsweise 1,6 Kilometer vom Spender-Stand entfernt und umfassten jeweils vier Bienenvölker, die alle gleich stark waren und von Anfang an einen niedrigen Milbenbefall aufwiesen. Die Hälfte der Empfängervölker wurde mit Bienenkorridoren ausgestattet, um fremde Bienen (das heißt Bienen, die nicht aus dem Volk stammten) fernzuhalten. In jedem Spendervolk wurden 4000 Bienen mit Farbe markiert: rot für Spendervölker mit hohem Milbenbefall und blau für solche mit niedrigem. Über einen Zeitraum von 47 Tagen (zwischen September und November) wurden die markierten Bienen, die in die Empfängervölker einflogen, mit Kamerasensoren erfasst.

Die Autoren kamen zum Schluss, dass die Ergebnisse die beiden derzeit führenden Theorien zur Milbenverschleppung – die Milbenbomben-Theorie (Bienen aus Völkern mit hohem Milbenaufkommen fliegen in kollabierende Völker ein) oder die Räuberfallen-Theorie (einheimische Räuberbienen kehren mit Milben aus kollabierenden Völkern zurück) – nicht unterstützen. Vielmehr argumentierten sie, dass die Freizügigkeit («Permissiveness») eines Volkes, das heißt das Aufnehmen von fremden Bienen, die Geschwindigkeit des Milbenwachstums eines Volkes vorhersagt. Sie brachten diese Freizügigkeit mit der Praxis, auf Sanftmut zu züchten, in Zusammenhang. Als Abhilfe schlugen sie denjenigen, die sich über die Einschleppung von Milben durch fremde Bienen Sorgen machen, den Einbau eines Bienenkorridors vor.

Ethik, Gesetze und soziale Auswirkungen der behandlungsfreien Bienenhaltung

4

Im Jahr 2020 erschien in der Zeitschrift von Mellifera e. V. ein Artikel von Johannes Wirz, Eva Frey und Norbert Poeplau, in dem es heißt:

> « Es gibt einige Gründe, weshalb ein Verzicht auf Behandlung gegen die Milbe gegen alle Regeln verstößt. Erstens übernehmen wir als Imker für Völker in unserer Obhut eine Verantwortung. Zweitens ist es aus tierethischer Perspektive problematisch, das Sterben unserer Schützlinge billigend in Kauf zu nehmen. »[77]

In ihrem 2020 veröffentlichten, englischen Bericht «Three decades of selecting honey bees that survive infestations by the parasitic mite Varroa destructor: outcomes, limitations and strategy» schreiben Guichard et al.:

> « Es ist zu beachten, dass man gegen ethische Regeln wie auch gegen Grundsätze des Tierwohls verstößt, wenn man absichtlich Bienenvölker tötet (World Organisation for Animal Health, 2018). Es ist daher in einigen Ländern – zum Beispiel in Deutschland (Bundesministerium der Justiz und für Verbraucherschutz und Bundesamt für Justiz, 2014) und in der Schweiz (Conseil fédéral suisse, 1995) – verboten. »[78] [übersetzt]

Solche Aussagen führen uns zu grundsätzlichen Fragen von richtig und falsch. Was der eine als richtiges Verhalten ansieht, hält ein anderer für falsch. In «The Bee-friendly Beekeeper» habe ich vier mögliche Grundhaltungen in der Imkerei identifiziert. Das eine Extrem – eine äußerst menschzentrierte Perspektive – bezeichnete ich als «dominierend». Am anderen Ende des Spektrums steht die Biene im Zentrum. Diese Haltung habe ich «teilnehmend» oder «partizipativ» genannt. Imkernde beider Kategorien betrachten die Betriebsweisen am anderen Ende der Skala oft als falsch.

Wie also sollen wir richtiges oder falsches Handeln messen? Eine Möglichkeit wäre zu beurteilen, wie viel Wohltätigkeit (Gutes tun), Nicht-Böswilligkeit (keinen Schaden zufügen), Autonomie (Freiheit/Wahlfreiheit) und Gerechtigkeit (Fairness) in den Handlungen stecken. Die ersten beiden lassen sich der Kategorie Wohlergehen zuordnen. Tragen wir zum Wohlergehen unserer Bienen bei, wenn wir sie nicht gegen Krankheitserreger oder Schädlinge behandeln? Die meisten Menschen würden zustimmen, dass es falsch ist, Tiere unnötig leiden zu lassen, und diese Haltung ist in der Gesetzgebung verankert. Aber sind Insekten (zwar offensichtlich empfindungsfähige Lebewesen) in der Lage, in gleichem Maße zu leiden wie ein Nutz- oder Haustier?

In der Schweiz wird die Tierschutzgesetzgebung gemäß einer Checkliste der Pflichten von Imkernden auf Bienen ausgedehnt:

> «Tierhalter (Imker) haben die Tiere (Bienen) ordnungsgemäß zu warten und zu pflegen und die Vorkehren zu treffen, um sie gesund zu erhalten.»[79]

In Deutschland geht das Gesetz viel weiter:

> «1) Ist ein Bienenstand mit Varroa-Milben befallen, so hat der Besitzer alle Bienenvölker des Bienenstandes jährlich gegen Varroatose zu behandeln, soweit nicht eine Behandlung nach Absatz 2 angeordnet worden ist.
> 2) Die zuständige Behörde kann, soweit es zum Schutz gegen die Varroatose erforderlich ist, anordnen, dass in einem von ihr bestimmten Gebiet innerhalb einer von ihr bestimmten Frist alle Bienenvölker gegen Varroa-Milben zu behandeln sind; sie kann dabei die Art der Behandlung bestimmen.»[80]

An dieser Stelle sollte man vielleicht die relativen Völkerverluste von Deutschland mit jenen des Vereinigten Königreichs vergleichen, wo die Behandlung gegen Varroatose nicht obligatorisch ist. Im Erhebungsjahr 2018–2019 lagen die durchschnittlichen Winterverluste in England und Wales bei 9,5 Prozent beziehungsweise 9,8 Prozent, während sie in Deutschland 14,8 Prozent betrugen, das heißt, fast fünfzig Prozent höher waren.[81] Einen Teil dieser Differenz könnte man jedoch auf die Witterung zurückführen; im Winter ist es in Deutschland tendenziell kälter als im Vereinigten Königreich.

Um auf die Ethik-Diskussion zurückzukommen: Die Gesetzgebung zum Schutz von Wildtieren wird im Allgemeinen nicht auf Insekten ausgedehnt. Also ganz anders als zum Beispiel bei Wildvögeln, bei denen im Vereinigten Königreich für bestimmte Vogelarten schon die Störung während des Nistens eine Geld- und/oder Gefängnisstrafe nach sich ziehen kann. Während der Vorbereitung dieses Buches erkundigte sich Paul Honigmann bei der UK National Bee Unit, ob die Honigbiene als Wild-, Haus- oder Nutztier gelte. Die Antwort lautete, dass die Behörde an der Grundlage des Bienengesetzes arbeite und dass sich diese Frage nie gestellt habe.[82] Meiner Meinung nach kann man sicherlich sagen, dass die Honigbiene ein Wildtier ist, das einige Imkernde durch gezielte Zucht teilweise domestiziert, aber nie gezähmt haben. Wenn die Biene nicht zu stark durch genetische Zucht-Erosion geschädigt worden ist, kann sie jederzeit in die Wildnis zurückkehren, sofern sie einen geeigneten Hohlraum in einem Baum oder Gebäude findet. Ich teile die Auffassung nicht, dass die westliche Honigbiene für ihr Überleben vom Menschen abhängig ist, wie sie die Demeter-Vorgaben für Imkereiprodukte implizieren.[83] Demeter ist eine Zertifizierungsorganisation für biodynamische Lebensmittelproduktion. Die Biodynamik, eine der weltweit führenden ökologischen Lebensmittelbewegungen, wurde durch Vorträge von Rudolf Steiner im Jahr 1924 angestoßen. Steiner ist der Begründer der Anthroposophie, welche die Evolution des Menschen im Zentrum der kosmischen Evolution sieht und damit in ihrer Natur menschenzentriert ist. Er beschrieb im Jahr 1923 in einer Vortragsreihe über Bienen, wie der Mensch in der Antike an der Erschaffung der Honigbiene beteiligt war. Es ist denkbar, dass der Standpunkt der Demeter-Imkerei und ihre Sicht, dass die Bienen den Menschen brauchen, von diesem Hintergrund beeinflusst werden.

Bevor wir diese Diskussion über die Hierarchie des moralischen Status verschiedener Taxa verlassen, sollten wir bedenken, dass behandlungsfrei Imkernde mit Befürwortenden der Anti-Impf-Bewegung verglichen wurden.[84] Insekten und Menschen sind jedoch in der Hierarchie der moralischen Beurteilung so weit voneinander entfernt, wie es nur möglich ist. Daher ist dieser Vergleich völlig unangebracht.

Ich denke, die meisten Imkernden sind sich einig, dass sich ein Bienenvolk, sobald wir es in eine Bienenbeute gelockt oder einlogiert haben, in unserer Obhut befindet. Das ist jedoch bei verschiedenen Projekten zum Schutz und zur Wiederansiedlung von Honigbienen nicht der Fall. Hier werden lediglich hohle Baumstämme oder Simulationen davon in Bäumen oder an Gebäuden aufgehängt, ohne dass die Bienen angelockt werden. Ein gutes Beispiel ist das Projekt von Torben Schiffer.[85] Das wäre gar nicht so anders, wie wenn man im Garten einen Nistkasten für Vögel aufhängte.

Wegen dieser Sorgfaltspflicht gegenüber den bewirtschafteten Bienen würden viele Imkernde, die eine Behandlung der Bienen gegen Krankheitserreger und Schädlinge befürworten, sagen: «Wenn Ihr Hund Flöhe hätte, würden Sie ihm doch auch keine Behandlung vorenthalten, oder?» Darauf können wir entgegen, dass ein Bienenvolk, sosehr es auch einem Säugetier ähnlich sein mag (und das tut es tatsächlich in erstaunlich vielerlei Hinsichten)[86], niemals domestiziert wurde. So wird das Hundefloh-Argument also hinfällig. Anders betrachtet gehen wir wohl einig, dass es unethisch ist, Bienen zu importieren im Wissen, dass sie so unangepasst sind, dass sie ohne unsere Unterstützung im kommenden Winter sterben werden (also zum Beispiel Bienen aus dem Süden), und sie dann sich selbst überlassen und so in den sicheren Tod schicken.

Wie aber sollten wir für das Wohlergehen von Bienen sorgen, die sich in unserer Obhut befinden, wenn wir Wohlergehen im Sinne von Freiheit-Lassen und faire Tierhaltung verstehen? Und worauf sollen wir uns beziehen: auf die einzelne Biene, auf das Bienenvolk oder auf die Tierart Honigbiene? Mit Holmes Rolston III. (kleine Ergänzung in eckigen Klammern meinerseits) können wir sagen:

> « Die angemessene Überlebenseinheit ist die angemessene Ebene der Beurteilung und der moralischen Überlegung. Das Individuum ist [dem Volk und] der Spezies untergeordnet, nicht andersherum. Der genetische Satz, in dem das *Telos* kodiert ist, gehört ebenso offensichtlich zur Spezies wie zu den Individuen, durch welche es weitergegeben wird. Eine ethische Betrachtung der gesamten Art ist zwar grobkörniger als diejenige, die sich auf Organismen (und noch gröber als die, die sich auf Empfindungen oder Personen) bezieht. Aber das Ergebnis kann biologisch gesehen sinnvoller sein. »[87] [übersetzt]

Die Verwendung von «Person» klingt hier vielleicht seltsam, aber Honigbienenvölkern werden Persönlichkeiten (oder etwas, das dem nahekommt) zugeschrieben.[88] Das könnte der Grund sein, weshalb manche Imkerinnen und Imker wie auch die Schweizer Gesetzgeber ihre ethischen Überlegungen auf diese gröber gefasste Einheit des Honigbienen-*Telos* ausrichten.

Der Mensch möchte das Wohlergehen der Honigbiene nicht nur wegen ihrer immensen wirtschaftlichen Bedeutung und ihrer Wichtigkeit für das Überleben der Menschheit pflegen, sondern auch wegen ihres intrinsischen Wertes als Art an sich. Und die Spezies hat ihre eigenen Ziele, und sei es nur ihr eigenes Überleben angesichts all dessen, was die Natur ihr in den Weg stellt. Es ist nun an uns, ihr genügend Freiheit zu lassen, damit sie diese Ziele auch verfolgen kann. Das wäre nichts als fair, wenn wir bedenken, wie beliebt Bienenprodukte bei uns Menschen sind und welche Bestäubungsleistungen die Bienen für uns erbringen. Die Sichtweise mag auf den ersten Blick gegenüber der einzelnen Biene oder dem einzelnen Bienenvolk grausam scheinen, aber letztendlich ist sie ein Dienst an der Spezies *Apis mellifera*.

Neben ethischen Überlegungen, wie wir mit den Bienen umgehen sollten, stellt sich auch die Frage, wie wir unsere Imkerei in Bezug auf die Bedürfnisse anderer Menschen betreiben. Das Schwärmen ist dabei ein kontroverses Thema. Imkerinnen und Imker werden dazu angehalten, das Schwärmen zu kontrollieren. Trotzdem vereitelt der Fortpflanzungstrieb der Bienen diese Bemühungen immer wieder. Im Jahr 2008 wurde die Zahl der Honigbienenvölker im Vereinigten Königreich auf 274 000 geschätzt,[89] im Jahr 2018 waren es 244 000.[90] Wenn aus nur zehn Prozent dieser Bienenvölker Schwärme oder Nachschwärme entkommen (ohne dass der Schwarm entweder verhindert oder eingefangen wird) sind das grob 25 000 Schwärme, die im Vereinigten Königreich jedes Jahr in die Freiheit entwischen. Viele quartieren sich in Schornsteinen, unter Dächern und so weiter ein und bereiten oftmals nicht nur große Unannehmlichkeiten, sondern auch Kosten. Man stelle sich einmal das Chaos vor, wenn Imkernde den Schwarmtrieb nicht kontrollierten beziehungsweise Schwärme nicht verhinderten! Ich gehe auf Seite 105 näher auf den Umgang mit dem Schwarmtrieb ein.

Auch andere Imkernde müssen berücksichtigt werden. Unsere Betriebsweise könnte sich auf ihr Wohlergehen und das ihrer Bienenvölker auswirken. Das wohl leidigste Problem ist der Verzicht auf die Behandlung gegen Krankheitserreger und Schädlinge. Die Situation erinnert an kommerzielle Kartoffelanbauer, die sich über Privatgärten beschweren, wo nicht gegen die Kartoffelfäule behandelt wird. In den meisten Ländern wird die Bedrohung der Verbreitung schwerwiegender Krankheitserreger wie die der anzeigepflichtigen Faulbrut (sowohl der amerikanischen (AFB) als auch der europäischen (EFB)) bereits durch Tierseuchengesetze und durch die zuständigen Behörden in Schach gehalten. Imkernde im Vereinigten Königreich sind verpflichtet, Bienenvölker zu melden, bei denen der Verdacht auf eine Infektion besteht. Was dann mit diesen Völkern geschieht, wird von der Aufsichtsbehörde bestimmt. Ein solches System zur Verhinderung der Ausbreitung der Faulbrut (und damit zum Schutz von anderen Imkereien) gibt es seit Ende der 1940er-Jahre. Ob diese amtliche Regelung der AFB/EFB-Bekämpfung in Form verschiedener Gesetze, Seuchenbekämpfungsverordnungen usw. einer aktuellen naturnahen Bienenhaltung genügt, wird auf Seite 103 diskutiert. Die Tatsache, dass sich Bienenvölker von schwächeren EFB-Infektionen ohne Behandlung erholen können, bedeutet vielleicht, dass man auch abwarten beziehungsweise auf die drastische, mechanische Maßnahme des

Entfernen und Einfangen eines Bienenvolkes aus einem Schornstein mittels Bienen-Sauger

Kunstschwarms verzichten könnte, selbst wenn EFB durch die Brutprobe-Analyse bestätigt worden ist.[91] Obwohl der Kunstschwarm als Option in einigen Ländern auch für die AFB zugelassen ist (und meines Wissens auch im Vereinigten Königreich angewandt wurde), war der Ansatz der Völkervernichtung erfolgreich: Die AFB-Fälle von über 2000 im Jahr 1950 wurden auf jährlich 30 bis 110 Fälle (für die Jahre 2010 bis 2020) reduziert. Interessant ist in diesem Zusammenhang das Experiment von Les Crowder, der als Inspektor für Bienenkrankheiten eines seiner Völker mit einer Wabe mit klinischer Faulbrut infizierte. Das Bienenvolk beseitigte die Verunreinigungen; auch als er den Versuch wiederholte.[92] Dies zeigt deutlich, dass der Erreger zwar ein nötiger, aber kein hinreichender Verursacher beziehungsweise Auslöser der Krankheit ist.

Die Varroa ist ein weiterer Überträger, der Bienenkrankheiten stark verbreitet. Die Milbe schadet nicht nur, weil sie sich von Brut- und Erwachsenen-Bienengewebe ernährt, sondern auch durch die Verbreitung verschiedener Virenarten wie zum Beispiel des Flügeldeformationsvirus. Milben aus kollabierenden Bienenvölkern können in 1,5 Kilometer entfernten Völkern auftreten.[93] Dies hat in erster Linie mit sogenannten Räuberfallen zu tun: Schwächelnde Bienenvölker werden von Bienen aus benachbarten Bienenvölkern ausgeraubt; dabei werden diese Räuber von Milben befallen.[94] Dies stellt ein echtes Problem dar, wenn es darum geht, eine (gegen Varroa) behandlungsfreie Bienenhaltung in Regionen zu ermöglichen, wo Behandeln vorherrscht. Wie kann man das Wohlergehen der Behandelnden und ihrer Bienenvölker sicherstellen?

Da ein erheblicher Teil der Bienenvölker im Winter (wenn es insbesondere in nördlichen Ländern wenig oder keinen Bienenflug gibt) eingeht, beschränkt sich der Befall benachbarter Bienenvölker weitgehend auf den Spätsommer oder Herbst, wenn die Milben in den unbehandelten Bienenvölkern Gelegenheit hatten, sich zu vermehren. Außerdem beobachten behandelnde Imkernde (vor allem diejenigen, die nach Schädlingskontrollrichtlinien imkern) den Varroa-Befall ihrer Bienenvölker, um sie entsprechend zu behandeln. Und diese Bienenvölker werden nach dem Abräumen der Honigräume im Sommer oder Herbst behandelt. Die behandelnden Imkerinnen und Imker haben damit schon ein Mittel in der Hand, um die Varroa-Bedrohung durch ihre nicht behandelnde Nachbarschaft abzuwenden.

Je nachdem, wie die Umgebung aussieht, geht ein Teil der Varroa-Bedrohung auf den Kollaps von wilden Bienenvölkern zurück. Mehrere Studien zeigen auf, dass die meisten neu wild lebenden Bienenvölker ihren ersten Winter nicht überstehen. Gemäß einer der Studien in 77 Prozent der Fälle.[95] Demzufolge müsste die behandelnde Imkerschaft in Regionen mit wild lebenden Bienenvölkern also ohnehin wachsam sein, um das plötzliche Zunehmen der Milbenpopulation zu erkennen und entsprechend zu (be-)handeln, auch wenn keine behandlungsfrei Imkernden in der Nähe sind. Und da die behandelnden Imkerinnen und Imker die wild lebenden Bienenvölker nicht für ihren erneuten Befall verantwortlich machen können, werden Nichtbehandelnde zum Sündenbock. Sollte man nicht zuerst vor der eigenen Tür kehren? Da der Begriff «Milben-» oder «Varroa-Bombe» seinen Ursprung in der US-amerikanischen Bienenhaltung zu haben scheint,[96] schauen wir uns die Statistiken der Bee Informed Partnership genauer an.[97] Sie besagen, dass in den Jahren 2010 bis 2020 landesweit und für alle Betriebsgrößen der durchschnittliche Winterverlust für Imkernde, die behandeln, bei 35,4 Prozent liegt. Bei Nichtbehandelnden beträgt der Verlust 44,2 Prozent. Die Vertrauensintervalle dieser Erhebung zeigen, dass die Verluste bei Nichtbehandelnden statistisch signifikant um 25 Prozent höher waren. In diesem Zeitraum gab es jedoch insgesamt 3 298 713 behandelte und nur 231 429 unbehandelte Bienenvölker. Somit gingen bei den Behandelnden 1 167 744 Bienenvölker ein. Bei den Nichtbehandelnden waren es nur 102 292; was ein Verhältnis von über zehn zu eins ergibt. Es ist daher wahrscheinlicher, dass behandelte Bienenvölker häufiger zu Räuberfallen werden als unbehandelte. Dies macht es für behandlungsfrei Imkernde, deren Bienen von behandelten Völkern umgeben sind, doppelt schwierig. An dieser Stelle ist weiter zu beachten, dass die Erhebungen der Bee Informed Partnership auf freiwilliger Teilnahme beruhen. Insgesamt antwortete nur ein kleiner Teil der Imkerinnen und Imker, nämlich nur zehn Prozent (Erhebung 2019 bis 2020). Dass Milben aus den behandelten, zusammenbrechenden Völkern in «Räuber»-Bienenvölker getragen werden, die ebenfalls behandelt worden sind, mindert das Problem etwas. Wobei wir natürlich nicht wissen, wie effektiv diese Behandlungen waren. Weiter weisen selbst Bienenvölker kurz nach der Behandlung unterschiedlich starke Milbenbelastungen auf. Wahrscheinlich verhindern zwei weitere Faktoren die von den Behandelnden wahrgenommene Bedrohung durch Milbenbomben. Zum einen haben Bienenvölker, die längerfristig nicht behandelt werden, ihren Varroa-Befall während der gesamten Saison unter Kontrolle, sodass bei einer Räuberei relativ wenige Milben mitgeschleppt werden. Zum anderen dürfte auch der Honig von sehr schwachen Völkern in den meisten Fällen noch geerntet werden, womit das Risiko für eine Räuberei stark minimiert wird.

Solomon Parker vertritt eine klare Haltung gegenüber angeblichen Milbenbomben. Er weist darauf hin, dass diese möglicherweise völlig übertrieben wahrgenommen werden und dass letztendlich die von den «Bomben» betroffenen Bienenvölker mit ihrer eigenen Milbenlast fertigwerden müssen. Das Milbenbombenphänomen besteht also lediglich aus einem Bienenvolk, das mit der Varroa nicht zurechtkommt und das somit «letzten Endes nach der Analyse auf die eine oder andere Weise aufgelöst werden muss». «Was gäbe es für einen besseren Test», so Parker weiter, «als die Bedingungen der realen Welt?»[98] (Siehe dazu auch Abschnitt «Update zu Milbenbomben» auf Seite 34.)

Dennoch wird deutlich, dass die Imkerschaft sich mit zwischenmenschlichen Problemen auseinandersetzen muss. Aus diversen Perspektiven ist es sehr schwierig zu beurteilen, wer nun Recht hat, und damit ist es schwer zu sagen, wer nun im Großen und Ganzen am wenigsten Schaden anrichtet oder am meisten Gutes tut. Die Behandelnden laufen Gefahr zu meinen, dass Macht auch Recht ist, da sie in der Überzahl sind und in den meisten Ländern offizielle Empfehlungen oder in einigen sogar die Gesetzgebung hinter sich haben. Aber wollen sie wirklich, dass wir bis in alle Ewigkeiten chemisch gegen die Varroa behandeln? Aus meiner Sicht als Imker, der seit Langem keine Behandlungen mehr vornimmt, scheint das absurd. Und doch gibt es keine Anzeichen für einen Rückgang der Behandlungen, zumindest nicht in den USA.

Obwohl in der Periode 2010 bis 2020 bis zu zwanzig Prozent weniger Imkernde die Frage nach der Behandlung überhaupt beantworteten (Behandelnde und Nichtbehandelnde zusammengenommen), gingen gemäß der Befragung die Anzahl der unbehandelten Völker dramatisch zurück (von 19 Prozent im Jahr 2011 auf 1,5 Prozent im 2020). Weiter sank der Prozentsatz der befragten Nichtbehandelten im gleichen Zeitraum von 68 Prozent auf 17 Prozent. Man sieht, dass der Trend in den USA alles andere als in Richtung Behandlungsfreiheit läuft. Wir wissen jedoch nicht, ob – warum auch immer – es mehr Nichtbehandelnde waren, die die Frage nach der Behandlung nicht beantworteten. Mit 1,5 Prozent liegen die Varroa-Nichtbehandlungszahlen für die USA weit unter den für Großbritannien erhobenen 13,6 Prozent (Erhebung 2019 bis 2020, Seite 27).

Leider gibt es immer wieder Berichte über Zerstörung von Bienenständen behandlungsfreier Imkereien, was das traurige Ausmaß des sozialen Problems deutlich macht. Ein veröffentlichtes Beispiel ist der Fall von Kirk Webster.[99] Um solche Zwischenfälle zu verhindern, müssten in Regionen, wo behandlungsfreies Imkern erlaubt ist, die Bienenstände von Behandelnden und Nichtbehandelnden durch eine Pufferzone von 1,5 Kilometern getrennt sein. Dafür müssten sich Imkerinnen und Imker jedoch darauf einigen, wie man eine Region aufteilt, und es ist bekannterweise sehr schwierig, dass sich Imkernde über irgendetwas einig werden. Ein eindrucksvolles Beispiel ist der Versuch, ein Schutzgebiet für die Dunkle Biene *Apis mellifera mellifera* auf der dänischen Insel Læsø einzurichten. Die Kampagne verursachte politische und rechtliche Vorstöße, involvierte nicht nur lokale Gerichte, sondern auch den Europäischen Gerichtshof und konnte letztendlich nie zur Zufriedenheit der Naturschützer umgesetzt werden, weil einige Imkernde mit gemischtrassigen Völkern ebenfalls Bienen auf der Insel halten wollten.

Dieses Problem der «genetischen Verschmutzung» oder genetischen Kreuzkontamination von Bienenvölkern besteht auch für behandelte und unbehandelte Völker. Es hängt mit den Drohnen und ihrer Rolle bei der Übertragung von Varroa-Resistenzgenen zusammen.[100] So geben schwache Bienen, die auf regelmäßige chemische Behandlungen angewiesen sind, ihre Gene weiter über Drohnen, die sich dann mit Königinnen aus mehr oder weniger varroaresistenten Wildbienenvölkern paaren. Es besteht die Gefahr, dass die Fitness der Wildbienenpopulation in Bezug auf die Varroa-Belastung sinkt. Diese Drohnen verunreinigen nicht nur die Gene der Wildbienenpopulation (von der wir wissen, dass sie ohne menschliche Hilfe sehr gut überlebt),[101] sondern auch die Völker behandlungsfrei Imkernder in der Umgebung, die mit ihren Königinnen auf Standbegattungen setzen.

Insgesamt kann man sagen, dass ein großer Teil der modernen Imkerei, die in Filmen über die Schrecken der kommerziellen Bienenhaltung mit lebhaften Details illustriert worden ist, nicht nur die artspezifischen Bedürfnisse der Bienen missachtet, sondern von vielen auch als grausam empfunden wird. In einer soziologischen Studie über Berufsimkernde und die Kommerzialisierung ihrer «Mädels» (wie sie ihre Bienen nennen) stellte Laurent Cilia fest, dass «trotz der Begeisterung für alles, was mit Bienen zu tun hat, die Liebe der Imkernden zu ihren Bienen nicht mit ihren Praktiken übereinstimmt».[102] Da das US-Landwirtschaftsministerium die Imkerei nicht als «Landwirtschaft» betrachtet, gelten für Bienen dort nicht die üblichen Tierschutzbestimmungen.

5 Die Gwynedd-Erfahrung

Nachdem ich im letzten Abschnitt das Problem des kulturellen Konflikts bezüglich Behandlung versus Nichtbehandlung gegen die Varroa und das damit verbundene soziale Dilemma diskutiert habe, ist es erfreulich, dass ich nun über eine Region berichten kann, in der dieser Konflikt nicht entstanden ist. In Gwynedd, der walisischen Grafschaft, in der ich lebe, blieben über einen Zeitraum von mehreren Jahren zwei Drittel der Bienenvölker unbehandelt und sind dies auch heute noch größtenteils. Obwohl es vielleicht hier und dort gerunzelte Stirnen gab, entbrannte keine offenkundige Feindseligkeit der Behandelnden gegenüber dem sich in der Grafschaft abzeichnenden Trend zur Behandlungsfreiheit. Ein möglicher Grund für das Ausbleiben von Anfeindungen ist die relativ tiefe Bevölkerungsdichte der Region und entsprechend auch geringe Anzahl Imkereien und geringe Bienendichte. Anhand von Statistiken aus verschiedenen veröffentlichten Quellen schätze ich, dass die Dichte der bewirtschafteten Bienenvölker, gemittelt über die gesamte Fläche, zwischen 0,3 und 0,7 Völkern pro Quadratkilometer liegt. In stärker besiedelten Gebieten, zum Beispiel in der Nähe der wenigen Kleinstädte der Region, ist die Dichte höchstwahrscheinlich etwas höher.

Luftaufnahme von Nordwest-Gwynedd mit Blick auf das Städtchen Criccieth und die Bucht von Tremadog (Foto: Martyn Croydon)

In der Ecke von Gwynedd, in der ich wohne, wird hauptsächlich Viehwirtschaft betrieben, das heißt, der Boden wird als Weideland und für Silage-Futter genutzt. Die Landschaft ist durch eher kleine Felder mit vielen Hecken geprägt. Außerdem gibt es entlang des Afon Dwyfor auch Laubwälder und Ufervegetation, die den Bienen zusätzliche Futterpflanzen bieten, die auf trockeneren Flächen nicht gedeihen: *Allium ursinum*, *Reynoutria japonica* und *Impatiens glandulifera*.

In Gwynedd gibt es zwei Imkerverbände, einen für Meirionydd (MBKA) und einen für Lleyn und Eifionydd (LlEBKA). Im April 2011 fragte ich die Anwesenden auf einer gut besuchten Versammlung von LlEBKA, wie hoch ihre Winterverluste im Winter 2010/2011 waren. Dies geschah vor dem Hintergrund von alarmierenden Medienberichten und Filmen über massive Völkerverluste, insbesondere in den USA, und der drohenden Gefahr von Völkerkollapsen (Colony Collapse Disorder, CCD). Wir hatten einen wirklich strengen Winter hinter uns, und die Gesamtverluste unter den Mitgliedern betrugen 25 Prozent. Dass auch einige sehr erfahrene Imkernde viele (oder gar alle) ihrer Bienenvölker verloren, illustriert die Härte dieses Winters ebenfalls.

Als Shân und Clive Hudson, die damaligen Kassierer von MBKA, von dieser LlEBKA-Erhebung hörten, brachten sie die Zahlen für die MBKA-Winterverluste 2010–2011 in Erfahrung. Ihre Erhebung war insofern detaillierter, als sie auch erfasste, ob Bienenvölker behandelt worden waren und, falls ja, mit welcher Behandlung sowie die Art der Bienenbeuten.

Dies führte zum überraschenden Ergebnis, dass die Verluste bei den Nichtbehandelnden weniger als die Hälfte der Verluste der Behandelnden betrugen. Das Resultat war Anreiz genug, um die Erhebung im Folgejahr zu wiederholen. Seit 2015 erheben Hudson und Hudson die Winterverluste regelmäßig. Eine Zusammenfassung der Ergebnisse wurde in den *BBKA News* veröffentlicht.[103]

Winter	Befragungs-teilnehmende	gemeldete Völker	behandelt		nicht behandelt	
			Völker	Verluste in %	Völker	Verluste in %
2010–2011	14	71	44	27	27	11
2011–2012[104]	40	355	180	8	175	7
2012–2013[105]	53	251	75	41	176	32
2013–2014[106]	65	396	81	9	315	6
2014–2015[107]	77	500	97	8	403	8
			477 (gesamt)	**19** (ø)	**1096** (gesamt)	**13** (ø)

Für die letzten vier Winter wurden die detaillierten Ergebnisse in *The Welsh Beekeeper* veröffentlicht (siehe Quellenangaben in der Tabelle oben). Die Tabelle auf Seite 45 zeigt eine Zusammenfassung der Daten für Behandelnde und Nichtbehandelnde für die fünf Winter seit Beginn der Datenerfassung.

Die Rücklaufquote verbesserte sich über die Jahre, was in erster Linie das Verdienst von Hudson und Hudson ist. Sie nahmen über die Verbände oder auf individueller Basis aktiv direkt Kontakt zu den Imkernden auf. Die im ersten Winter festgestellte deutlich niedrigere Verlustrate bei den Nichtbehandelnden konnte in den Folgewintern nicht gehalten werden. Im Durchschnitt der fünf Winter sieht es auf den ersten Blick so aus, als ob behandelnde Imkernde mehr Bienenvölker verlieren als Nichtbehandelnde (19 Prozent gegenüber 13 Prozent). Als diese Zusammenfassung zum ersten Mal veröffentlicht wurde, schienen die Ergebnisse jedoch zu stark zu streuen, um diese Schlussfolgerung so ziehen zu können. Einige Monate später wurde ein Brief von Dorian Pritchard in den *BBKA News* veröffentlicht, in dem er seine statistische Analyse der Ergebnisse der Gwynedd-Erhebung vorstellt.[108] Unter Verwendung des Chi-Quadrat-Tests (c^2) und mit einigen vernünftigen Annahmen über den Datensatz kommt er zum Schluss, dass, «wenn die unbereinigten Zahlen für alle fünf Jahre kombiniert werden, χ^2 circa 5,25 beträgt, was einem p-Wert (für einen Freiheitsgrad) von fast 0,02 entspricht». Dies bedeutet, dass sich die Ergebnisse statistisch signifikant unterscheiden und damit ein Hinweis auf eine nachteilige Wirkung der Varroa-Behandlung in dieser Bienenpopulation sein könnten. Auch ohne diese statistische Erkenntnis können wir zumindest den Schluss ziehen, dass diese Ergebnisse auf der Basis von mehr als 1500 Völkerwintern zeigen, dass die chemische Behandlung der Völker in dieser Ecke von Nordwales keine Verringerung der Winterverluste verursacht hat.

In den ausführlichen Berichten, auf die in der obigen Tabelle verwiesen wird, ist zu lesen, dass die überwiegende Mehrheit der Beutetypen der Befragten – allesamt Magazine – «National»-Beuten waren. Einige davon mit einem speziell tiefen 14-auf-12-Zoll-Rahmen. Eine geringere Zahl der Bienenvölker überwinterte in diversen anderen Beutetypen, darunter «Modified Commercial» (16 auf 10 Zoll) und doppelwandige «William Broughton Carr» (WBC)-Beuten. Ein Imker, nämlich ich, berichtete, dass er Warré-Beuten verwendet. Von den 13 Bienenvölkern, die in der Erhebung 2014–2015 gemeldet wurden, kann nicht auf Vorteile fürs Überleben des Winters in einem bestimmten Beutetypen oder bestimmten Zargen-Zusammenstellungen geschlossen werden. Dies gilt auch für die Warré-Beute, die thermischen Studien zufolge über eine bessere Wärmeleitfähigkeit verfügt als die «National»-Beute[109] und daher die Wintertraube besser vor Wärmeverlust schützen dürfte.

Im Winter 2014/2015 imkerten von den 77 Erhebungsteilnehmenden 65 behandlungsfrei. Dort, wo behandelt wurde, dominierte Thymol, das meist mit dem Apiguard-Verabreichungssystem angewendet wurde. An zweiter Stelle folgten Oxalsäure oder eine Kombination aus Thymol und Oxalsäure (verabreicht zu unterschiedlichen Zeitpunkten). Synthetische Pyrethroide wurden in der Region fast gar nicht mehr eingesetzt, da bereits seit 2001 bekannt ist, dass Milben im Vereinigten Königreich vereinzelt gegen diese Chemikalie resistent sind, und die Resistenz seit 2009 weit verbreitet ist.[110] Da die Mitglieder überwiegend «sanfte», das heißt nicht-pyrethroide Behandlungen durchführen und diese möglicherweise nicht so häufig, wie es für eine vollständige Varroa-Kontrolle nötig wäre, waren die Bienenvölker vermutlich einer ausreichenden Anzahl von Milben ausgesetzt, um eine gewisse Resistenz gegen die Varroa (oder zumindest eine Toleranz gegenüber der Milbe) zu entwickeln. Falls dem so war, blieben die Bienenvölker nicht völlig schutzlos, als die Behandelnden die Behandlung abrupt abbrachen, wie ich und viele andere es taten. Dies könnte dann zu den weithin akzeptablen Winterverlusten bei den nicht behandelten Völkern geführt haben.

Weil die Erkenntnisse aus diesen Erhebungen über die Winterverluste im Laufe der Jahre abzunehmen schienen, wurden sie nach dem Winter 2014/2015 eingestellt. Im Dezember 2016 veröffentlichten Hudson und Hudson in den *BBKA News* einen Artikel mit dem gewagten Titel «Varroa has lost its sting» («Die Varroa hat ihren Schrecken verloren»), in welchem sie die Befragungsergebnisse zusammenfassen und ihre Gründe für ihre Umstellung auf eine Imkerei ohne Varroa-Behandlung beschreiben.[111] Im Zusammenhang mit diesem Artikel sollte eine Kritik erwähnt werden, die Arnold Desandere aus High Wycombe in einem Brief an die Herausgeber der *BBKA News* äußerte.[112] Er war besorgt, «dass Jungimkernde denken könnten, man könne ruhig auf eine Behandlung verzichten, weil sie davon ausgehen, dass ihre Bienenvölker resistent werden». Er bezweifelte zudem, dass Bienen schnell eine Varroa-Resistenz entwickeln können. Inzwischen wurde jedoch beobachtet, dass dies tatsächlich der Fall sein kann.[113] Eine weitere Kritik an der Gwynedd-Erhebung kam vom Verantwortlichen für Betriebsweisen des walisischen Imkereiverbandes, der argumentierte, dass die Studie auf freiwilligen Meldungen basiere und daher verzerrt sein könnte.[114] Seiner Meinung nach hätten die Verantwortlichen der Erhebung wie bei einer medizinischen Fallstudie den Verlauf von behandelten und unbehandelten Völkern verfolgen müssen. Da ich jedoch genau so vorgehe, kann ich über Bienenvölker berichten, die bis zu einem Jahrzehnt leben, ohne dass ich Königinnen ersetzt hätte.

Im gleichen Jahr porträtierte Thomas Gfeller die Hudsons. In seinem Film erzählen sie über ihre Erfahrungen mit der Umstellung auf eine behandlungsfreie Imkerei. Jonathan Powell vom Natural Beekeeping Trust schnitt das Filmmaterial zu einem kurzen Dokumentarfilm zusammen.[115] 2015 interviewte Felix Remter, ein Dokumentarfilmer aus München, mich und Pete Haywood, der zum Zeitpunkt der Erhebung der Winterverluste in Gwynedd unser Inspektor für Bienenkrankheiten für die UK National Bee Unit war und der mit den meisten Bienenvölkern an der fünfjährigen Erhebung teilnahm. Seine Argumente für die Behandlungsfreiheit werden in Remters Video vorgestellt.[116] Meine eigene Argumentation wurde in einem Videointerview von Jan-Michel Schütt (Normandie) dokumentiert.[117]

Im Winter 2019 haben Hudson und Hudson ihre Erfahrungen mit der behandlungsfreien Bienenhaltung in einem Artikel mit dem Titel «11 years of treatment free beekeeping» zusammengefasst.[118] Darin zeigen sie eine Karte, auf der in 10-Kilometer-Quadraten alle bekannten behandlungsfreien Bienenvölker verzeichnet sind, und zwar sowohl wilde wie auch bewirtschaftete. Sie wussten von 104 Imkernden, die nicht behandeln. Das Total dieser Bienenvölker, einschließlich in Gebäuden (17) und in Bäumen (15) lebende, betrug 499. Sie überprüften diverse Faktoren, die zu den tolerierbaren Verlusten bei Nichtbehandlung im Untersuchungsgebiet beitragen könnten. Wie bereits erwähnt, schlossen sie den Beutetypen aus. Da die unbehandelten Bienenvölker sehr unterschiedlich bewirtschaftet werden (von geringem bis zu starkem Eingriff; Letzteres ist dann alles andere als eine darwinistische Bienenhaltung), kamen sie zum Schluss, dass die Art der Bewirtschaftung ebenfalls kein Faktor ist. Das Gleiche galt für den Habitat, der im Untersuchungsgebiet vielfältig und artenreich ist. Dieser Faktor konnte ausgeschlossen werden, weil Hudson und Hudson auf zwei Imkernde in England stießen, die ebenfalls erfolgreich behandlungsfrei imkerten trotz eines wohl einiges weniger biodiversen Umfelds. Ein weiterer Faktor, den sie ausschlossen, war, ob man «die richtige Biene» hielt. Dafür spricht, dass an verschiedenen anderen Orten spontan varroaresistente oder -tolerante Populationen von *Apis mellifera mellifera*,[119] *Apis mellifera ligustica*,[120] *Apis mellifera scutellata*[121] und *Apis mellifera capensis*[122] entstanden sind. Auch natürliche, varroaresistente Populationen von hybriden *Apis mellifera* sind weit verbreitet.[123] Wer den Weg in die behandlungsfreie Imkerei wagen möchte, täte dennoch gut daran, dies mit einer Biene zu tun, deren Genetik vielversprechend ist, und nicht mit einem Schwächling, der nur durch intensives, imkerliches Hätscheln durchgebracht worden ist. Ähnliches gilt für die anderen in diesem Absatz erwähnten Faktoren: Wenn Sie Ihre Bienen der vollen Wucht der natürlichen Auslese aussetzen, dann ist es sinnvoll, diese Wucht nicht noch zu verstärken, indem Sie vorher so unnatürliche Voraussetzungen schaffen, dass nicht nur die Varroa, sondern auch die vorherigen Bedingungen zum Untergang Ihrer Bienen beitragen. Darauf gehe ich später noch genauer ein (siehe Seite 92).

Ein Faktor, der einen Behandlungsstopp in Gwynedd im Vergleich zu anderen Regionen erleichtern könnte, ist unser relativ mildes maritimes Klima, dessen Durchschnittstemperatur im Januar von für uns tiefen vier Grad Celsius bis zu hohen acht Grad Celsius schwankt. Die Winter sind kürzer als in Kontinentaleuropa, wo Versuche, keine Behandlung durchzuführen, oft katastrophal enden. Die Kürze und Milde unserer Winter sind nicht nur gut, was den Verbrauch an Vorräten angeht, sondern lassen auch gelegentliche Reinigungsflüge sowie frühe Massenräumungsflüge im Frühjahr zu. Damit wird das Nosema-Risiko verringert. Ein weiterer Faktor könnte sein, dass wir in Gwynedd viele wilde Honigbienenvölker haben. Hudson und Hudson haben mehrere Jahre lang wilde Bienenvölker in der Gegend beobachtet, wozu sie auch mit entsprechender Ausrüstung in hohe Bäume geklettert sind. Im Jahr 2015 beinhalteten ihre Berichte Ergebnisse zu sieben Bienenvölkern, inzwischen umfasst das Monitoring 16 Bienenvölker in Bäumen und 21 in Gebäuden. Viele der wilden Behausungen sind seit über fünf Jahren ununterbrochen bewohnt.[124] Auch ich überwache ein Dutzend Bienenbehausungen in Bäumen und Gebäuden, die derzeit jedoch nicht alle besetzt sind. Andere britische Imkernde, mit denen ich in Kontakt stehe, überwachen Hunderte von Wildvölkern in verschiedenen Gebieten. In Gwynedd könnten unsere lokalen Wildbienen bereits ein gewisses Maß an Varroa-Resistenz aufweisen, so wie die eingefangenen Wildbienen von Tom Seeley im Staat New York. Einige der Schwärme, die wir fangen, könnten aus unserer Wildpopulation stammen. Was aber noch wichtiger ist: Da die Wildbienenvölker viele Drohnen produzieren, machen diese einen wichtigen Anteil der männlichen Bienen aus, die Varroa-Resistenzgene an die Drohnensammelstellen von Gwynedd bringen. Imkerinnen und Imker mit Bienen in Regionen mit gesunden Wildpopulationen, welche seit Langem mit der Varroa klarkommen mussten, können daher, zumindest nach einigen Jahren, relativ leicht behandlungsfrei Bienen halten.

Eine Studie zu einem Versuch, in dem molekularbiologische und flügelmorphometrische Methoden angewandt wurden, kam zum Schluss, dass es sich bei wilden Völkern – in dieser Studie als «verwilderte» Völker bezeichnet – «einfach um Ausreißer aus der bewirtschafteten Population handeln könnte». Diese Völker werden als «potenzielle Erreger-Reservoirs» bezeichnet.[125] Wir ziehen es vor, die Sache positiv zu sehen, und betrachten solche Völker als potenzielle Spender von Drohnen, die Varroa-Resistenzgene tragen.

Die Bienen im Nordwesten von Gwynedd haben die Aufmerksamkeit der Bienenforschung auf sich gezogen. Für verschiedene Studien lieferten sie Proben, darunter für die Untersuchung auf Varroaresistenz-Merkmale[126], Wiederverdecklungs- und Befallsraten[127] und für die Prävalenz des Flügeldeformationsvirus.[128]

Gemüll und Waben in einer vom Wind gefällten Esche, die von Bienen bewohnt war.

Zum Abschluss dieses Abschnitts über die Erfahrungen mit natürlich varroaresistenten/-toleranten Bienen in Gwynedd möchte ich ein sehr erfreuliches und auch ermutigendes Erlebnis beschreiben. Etwas, das dem Stirnrunzeln oder der Skepsis der Imkerschaft gegenüber unserem «Experiment» positiv entgegensteht. Ausgelöst durch meine Publikation zur Warré-Beute besuchten mich ab 2007 immer mehr Imkernde aus anderen Teilen der Welt (insbesondere aus Australien, den USA und mehreren Ländern des europäischen Kontinents) auf meinem Bienenstand. Die bei Weitem größte Gruppe kam aus der Schweiz. Sie stellte sich zusammen aus einem Wissenschaftler des Schweizerischen Zentrums für Bienenforschung in Liebefeld, dem ehemaligen Leiter des eidgenössischen Bienengesundheitsdienstes mit einer Kollegin und einem Kollegen, zwei Personen, die in der Imkerbildung tätig sind, einem Vorstandsmitglied von BienenSchweiz (dem Schweizer Pendant zur British Beekeepers Association), einem Züchter der Schweizer Dunklen Biene und vier behandlungsfrei Imkernden. Thomas Gfeller, ein Botschafter der behandlungsfreien Bienenhaltung aus der Nähe von Bern, organisierte diese Reise, um behandlungsfreie Projekte in England und Wales der Schweizer Imkerschaft näherzubringen. Thomas war zuvor mit seinem Liegerad durch ganz Europa gereist, um behandlungsfrei Imkernde zu treffen und wilde Honigbienenvölker zu sehen, deren Existenz in der Schweiz kaum bekannt ist. Auf dem Weg nach Gwynedd besuchte die Gruppe Ron Hoskins in Swindon, der seit zwanzig Jahren auf Varroa-Resistenz hin züchtet, Jonathan Powell auf der Pertwood Farm in der Nähe von Salisbury, einen «Zeidler», der mit künstlichen Baumhöhlen und in Bäumen aufgehängten Bienenbeuten Auswilderungsprojekte durchführt, sowie Bees for Development in Monmouth. Ein Höhepunkt der Reise war das Treffen mit der Lleyn and Eifionydd Beekeepers Association auf dem Bienenstand von Clive und Shân Hudson. Clive führte die Gruppe zu wild in Baumhöhlen lebenden Honigbienen in der Umgebung. Am letzten Abend des Aufenthalts lud uns die Gruppe zum Abendessen ein und verlieh ihrer herzlichen Wertschätzung für die Arbeit von Clive, Shân und mir mit einem großzügigen Geschenk Ausdruck. Ein ausführlicher Bericht über die Reise erschien in der Schweizerischen Bienenzeitung.[129]

Ich führe der Schweizer Reisegruppe einen Warré-Beutenheber vor. Links ist eine modifizierte Lazutin-Beute zu sehen, rechts eine modifizierte Einraumbeute. (Foto: Ursina Kellerhals)

Projekte ohne Varroa-Behandlung in Europa und Amerika 6

In diesem Kapitel stelle ich eine Auswahl von Imkernden vor, die nicht gegen die Varroa behandeln und teils varroaresistente Bienen züchten, die sie an andere abgeben. Es gibt weltweit viele Beispiele, und ich erwähne hier sicherlich auch viele nicht, die einen wichtigen Beitrag zu unserem kollektiven Wissen über die behandlungsfreie Imkerei leisten. Mein Ziel ist, einen Hinweis auf das Mögliche zu geben und so diejenigen Imkernden zu ermutigen, die sich an diese potenziell riskante Form der Imkerei heranwagen wollen.

Die Informationen dieses Kapitels wurden in der zweiten Hälfte 2020 zusammengetragen. Sie stammen aus einer Vielzahl von Quellen (darunter Bücher, das Internet, E-Mail-Korrespondenz oder Telefonate mit den genannten Personen). Soweit vorhanden, sind Literaturnachweise und Weblinks angegeben. Sollten Angaben falsch sein, bitte ich dies zu entschuldigen. Wenn Sie mich über meine Website bee-friendly.co.uk kontaktieren, werde ich die Angaben in der nächsten Ausgabe korrigieren.

Deutschland

Die klare Botschaft aus Mitteleuropa heißt, dass einfach auf eine behandlungsfreie Imkerei umzustellen, wahrscheinlich nicht funktioniert. Abgesehen von der bereits erwähnten gesetzlichen Verpflichtung zur Varroa-Behandlung in Deutschland (siehe Seite 36) sind weitere mögliche erschwerende Faktoren: hohe Völkerdichte (bewirtschaftete Völker) und die geringe Wildpopulation von mehr oder weniger varroaresistenten Honigbienen (obwohl sowohl in Polen[130] als auch in Deutschland[131] frei lebende Völker untersucht werden). Der einzige Weg zu einer chemiefreien Bienenhaltung scheint daher die gezielte

Zucht mit bereits vielversprechendem Ausgangsmaterial zu sein, auch wenn dieses gegebenenfalls aus der Ferne beschafft werden muss.

Ralf Höling begann 2012 mit der Bienenhaltung. Er wollte seine Bienen nicht behandeln und verlor alle seine Völker. Darauf begann er erneut, dieses Mal mit Völkern von Josef Koller, einem Züchter varroaresistenter Bienen in Bayern. Er überwachte das ganze Jahr über regelmäßig den Milbenfall und behandelte nur, wenn es nötig war, das heißt, wenn die Milbenzahl über der Schadensschwelle lag. Trotzdem hatte er hohe Verluste. Im Jahr 2016 begannen er und Josef Koller auf Anregung von Paul Jungels (Luxemburg)[132] und mit Unterstützung von Bartjan Fernhout (Arista Bee Research), VSH-Königinnen mit Einzeldrohnenbesamung einzusetzen.[133] Aktuell hält Ralf Höling nun Buckfast-Bienen in Zander-Beuten auf zwei Bienenständen im Norden von München. Seine Linien enthalten einen gewissen genetischen Input von *Apis mellifera monticola* und russischen (Primorski) Honigbienen. Als behandlungsfrei Imkernder würde er sich noch nicht bezeichnen, da er im Spätsommer 2019 noch mit Oxalsäuredampf behandelt hat, allerdings nur zwei seiner 19 Völker. Im Jahr 2020 behandelte er nicht. Zudem hielt er zu diesem Zeitpunkt zusätzlich Bienenvölker, die zwei bis drei Jahre lang unbehandelt überlebt hatten. Er füttert seine Bienen seltener als früher, hauptsächlich seine Zuchtköniginnenvölker in Mini-Plus-Beuten. Wenn er füttert, dann mit Futterteig oder Honig. Er füttert Bienenvölker, die von Milben befallen sind, andere Krankheitsanzeichen aufweisen oder sehr stechlustig sind. Nur sehr selten muss er den Schwarmtrieb bremsen, und wenn, dann tut er dies durch Entfernen von Königinnenzellen im Frühjahr. Ursprünglich war er sehr überzeugt vom Ansatz kleinerer Zellen (siehe Seite 80). Aber diese Anpassung reichte nicht aus, um das Überleben der Völker zu sichern. Er verwendet jedoch weiterhin 4,9 Millimeter Mittelwände und lässt einen Wabenabstand von 28 Millimetern. Seine Bienen können so viele Drohnenwaben bauen, wie sie möchten. Er unterbricht Brutphasen nicht (künstlicher Brutstopp). Derzeit nimmt er an einem Zuchtprojekt des Bieneninstituts Kirchhain zur Unterdrückung der Milbenreproduktion (SMR) teil.[134]

David Junker betreibt eine Holzbiegerei in der Nähe von Schwarzach in Süddeutschland und verkauft Beuten aus gebogenem Holz und Schilf.[135] Er hat sieben Völker lokaler Bienen, größtenteils *Apis mellifera carnica* mit einem Hauch von *Apis mellifera mellifera,* aber selten *ligustica*. Sie sind in seinen Trogbeuten untergebracht (siehe Abbildungen Seite 53). Er ist daran, seinen Bienenbestand auszubauen. Seit 2017 nimmt er an seinen Völkern nur noch ein Minimum an Eingriffen vor. Seine letzte Ameisensäurebehandlung fand 2018 statt, und im Folgewinter verlor er eines von vier Völkern. Im November 2019 führte er seine letzte Behandlung mit Oxalsäure durch. Es ist noch zu früh, um seine Verluste seit Behandlungsende zu bewerten, aber im Winter 2019/2020 überlebten von fünf Bienenvölkern nur zwei. Er lässt seine Bienenvölker schwärmen und hat im Durchschnitt zwei Schwärme pro Jahr. Die abgeschwärmten Bienenvölker haben jeweils einen Honigüberschuss von etwa zehn Kilogramm. Nicht-geschwärmte Bienenvölker liefern ungefähr zwanzig bis dreißig Kilogramm. Dank der guten Trachtsituation in seiner Region muss er in den warmen Monaten nur selten füttern, meist bleibt es bei Schwarmfütterung während schlechtem Wetter. In diesem Fall verwendet David Junker Honigsirup. Da seine Beuten dank des Schilfs gut isoliert sind, reichen fünf bis zehn Kilogramm für die Winterfütterung. Im Frühjahr hängt er leere Rähmchen in den Honigraum und erntet diese im Herbst oder im folgenden Frühjahr. Der Brutraum bleibt unangetastet. Er verwendet ein durchsichtiges Schied, damit er den letzten Baurahmen sehen kann, ohne den Brutraum öffnen zu müssen. So kann er die Schwarmstimmung im Volk beurteilen. Er vermehrt beziehungsweise ersetzt seine Bienenvölker durch Schwärme. Da die Bienenstöcke in seinem Garten stehen, kann er Schwärme einfangen und muss keine Lockbeuten verwenden.

David Junkers Trogbeuten (horizontale Beuten) aus Bugholz und Schilf

Innenansicht der Trogbeute von David Junker

Claudia Blauert aus der Nähe von Kevelaer, nahe der niederländischen Grenze, hat 2016 mit der selbstständigen Imkerei begonnen. Als Imkerstochter hatte sie jedoch bereits im Alter von zwölf Jahren ihren ersten Schwarm gefangen. 2017 hörte sie auf zu behandeln und ist nun Teil der sechsköpfigen Gruppe Behandlungsfrei am Niederrhein[136], die insgesamt dreißig Bienenvölker bewirtschaftet. Zwölf davon hält Claudia Blauert in ihrem Garten und an zwei weiteren Standorten in der Umgebung. Ihre Standorte liegen mehrere Hundert Meter von den Bienenvölkern anderer Imkernder entfernt. Ihre lokalen Bienen sind überwiegend Carnica. Der Mitbegründer der behandlungsfreien Gruppe, Rainer Fehlemann, der auf vierzig Jahre Imker-Erfahrung zurückblicken kann, hatte zuvor die behandlungsfreien Bestände der Gruppe gezüchtet und ausgewählt, indem er einige *Apis-mellifera-mellifera*-Königinnen von einem Züchter von der Insel Texel importierte. Claudia Blauert verwendet Mini-Plus-Beuten, deren Isolation sie verbessert hat und die sieben Rahmen pro Zarge enthalten. Weiter verwendet sie kleinzellige Mittelwände (4,9 und 5,1 mm) und lässt Platz für etwas Naturbau. Diese quadratischen Beuten haben ein kompaktes Format von 235 × 235 × 168 Millimetern, wobei jede Zarge ein Volumen von 9,3 Litern und Rahmenabstände von 33 Millimeter hat. Die Eingriffe werden auf ein Minimum beschränkt. In den letzten Jahren lagen die durchschnittlichen Winterverluste bei ihr und der Gruppe der behandlungsfrei Imkernden bei etwa zehn Prozent. Da ihre Bienenvölker in einem Gebiet mit intensiver Landwirtschaft stehen, erachtet sie es als notwendig, im August Ambrosia® einzusetzen (vor allem, um bei schlechtem Wetter Schwärme aufzufüttern). Aber ihre Bienenvölker überwintern mit dem eigenen Honig. Sie und die Gruppe führen keine Schwarmkontrolle durch, stellen aber legale Lockbeuten auf, um Schwärme einzufangen.[137] Königinnen werden nicht ersetzt; schwache Bienenvölker sterben im Winter auf natürliche Weise. Mit anderen Worten unterliegen die Bienenvölker vollständig der natürlichen Selektion. Da keine Königinnen künstlich ersetzt werden, wird das effektive Alter der Bienenvölker erfasst, wobei das älteste Volk der behandlungsfreien Gruppe im Jahr 2020 acht Jahre alt war.

Frankreich

John Kefuss ist eine Inspiration für alle angehenden Imkerinnen und Imker, die ohne Behandlung auskommen wollen. Auf der Suche nach einer varroaresistenten Biene hat er mit Zucht-, Imkerei- und Bienenforschungsfachleuten aus verschiedenen Teilen der Welt zusammengearbeitet. In den 1980er-Jahren half er bei der Entwicklung chemischer Behandlungen gegen die Varroa, aber in den 1990er-Jahren, als sich eine Resistenz gegen die Chemikalien abzeichnete, begann er mit der Selektion von Bienenvölkern auf Milbenresistenz. Dabei hielt er die genetische Vielfalt mit Zuchtmaterial von vier europäischen Honigbienenrassen aufrecht und führte später *Apis-mellifera-intermissa*-Genetik von behandlungsfrei Imkernden aus Tunesien in seine lokale Population ein. Er betreibt eine kommerzielle Imkerei mit Langstroth-Beuten in der Nähe von Toulouse. 1999 stellte er die Behandlung seiner Bienenvölker ein, woraufhin zwei Drittel starben.[138] Inzwischen hat er jedoch eine milbenresistente Population aufgebaut und verkauft daraus Königinnen. Sein «Bond-Test» (siehe Seite 30) beinhaltet eine natürliche Auslese der überlebenden Bienenvölker. Im Gegensatz zum Gotland-Bond-Experiment, bei dem die Milbenpopulation der Testvölker geschlossen war, ist seine Population offen für Milben aus benachbarten Imkereien. Bei seinem «beschleunigten Bond-Test» wird hochgradig varroabefallene Arbeiterinnenbrut in Bienenvölker gesetzt, um die Resistenz zu testen. Bei seinem «sanften Bond-Test» erfolgt die Selektion zunächst auf Produktivität, dann auf hygienisches Verhalten und schließlich auf Milbenresistenz. Dieser Blindtest mittels natürlicher Selektion hat den hochgradig wichtigen Vorteil, dass unbekannte Resistenzmechanismen zum Vorschein kommen, die anschließend im Detail untersucht werden können.[139] Im Gegensatz zu «Varroa-Bomben» will er «Varroa-Schwarze-Löcher» schaffen, das heißt Völker, die so milbenresistent sind, dass Varroa nicht lebend aus ihnen herauskommen.

David Giroux züchtet seit 15 Jahren Bienen. 2015 zog er in sein jetziges Haus in einem abgelegenen Waldgebiet in den Pyrenäen. Dort hat er seine Imkerei mit Schwärmen aus zwei wilden Bienenvölkern – eines in einem Kastanienbaum und das andere in einer Kirchenmauer – wieder aufgenommen. Er kauft keine Bienen, befruchtet die Königinnen nicht künstlich und macht keine Ableger. Er vermehrt durch Schwärme und ersetzt seine Verluste so. Gefüttert werden nur Schwärme, die sich kurz vor mehreren Tagen Regen in Lockbeuten niederlassen, weil sie dann selbst nicht auf Futtersuche gehen können. Er verwendet Warré-Beuten, Baumstammbeuten, eine Korbbeute, eine Oberträger-Beute und dickwandige, sogenannte Refuge Hives mit achteckigen oder runden Hohlräumen, die er selbst entworfen hat.[140] Er öffnet seine Bienenstöcke in der Regel nicht, außer bei zwei Völkern, von denen er Honig oder Propolis für den Eigenbedarf entnimmt. Um die Honigernte in seinen Warré-Beuten zu erleichtern, fügt er einen flachen, halbhohen Honigraum hinzu, der für die Bienen durch ein 40-mm-Loch in einem Brett dazwischen zugänglich ist. So wird die Nestatmosphäre darunter nur minimal gestört. Diese Spezialzarge wird nur bei Bienenvölkern eingebaut, die bereits geschwärmt haben, und zwar im Durchschnitt zwei bis drei Wochen nach dem Schwarmflug. Seine jährlichen Verluste liegen bei dreißig bis fünfzig Prozent. Dabei ist jedoch zu beachten, dass diese hohen Zahlen Schwärme einschließen, die ihren ersten Winter durchlaufen.

Hier gibt es jeweils auch hohe Verluste bei wilden Völkern in hohlen Bäumen. Die Verluste bei seinen etablierten Bienenvölkern sind geringer. David Giroux bietet Kurse über natürliche Bienenhaltung an.[141]

Italien

Elio Salbego war früher für die Ernährungs- und Landwirtschaftsorganisation der Vereinten Nationen tätig und sammelte Erfahrungen mit Bienenhaltung in der Zentralafrikanischen Republik, im Kongo, in Tunesien, Montenegro, Litauen und in Indien. Heute hält er vierzig Bienenvölker in Dadant-Blatt-Beuten in der Nähe von Vicenza, auf etwa 300 Meter über Meer. Ursprünglich hatten seine Magazine Gitterböden, die er jedoch kürzlich mit isolierten Böden ersetzt hat. Er verwendet Hybride aus *Apis mellifera ligustica* und *Apis mellifera carnica*, die für das Alpenvorland seiner Region typisch sind. Seine Bienenvölker stehen an einem einzigen Standort in Reihen von acht Völkern mit einem Abstand von fünf Metern zwischen den Reihen und 0,5 Metern zwischen den Bienenstöcken einer Reihe. Er kontrolliert das Schwärmen präventiv, indem er mit der Königin und ihrer Wabe Ableger macht (ähnlich dem sogenannten Flugling in der Schweiz). Bei der Fütterung berücksichtigt er, dass die umliegenden Wälder reich an Efeu sind, dessen Honig im Winter nicht ideal für Bienen ist, da er hart wird. Daher füttert er während der Efeutracht eine kleine Menge Zuckersirup, der sich mit dem Efeuhonig vermischt. Gegen Ende September legt er Futterteig («Candy», siehe Seite 87) auf jedes Bienenvolk, und um den 10. Oktober entfernt er Futtergeschirr und Restfutter. Er begann sein Projekt «varroaresistente Bienen» im Jahr 1990. Seine jährlichen Verluste liegen jetzt bei durchschnittlich 13 Prozent. In der Saison 2020 hatte er einen Überschuss von 18 Kilogramm Honig pro Volk. Die Saison davor hatten weder er noch benachbarte Imkereien (die alle gegen Varroa behandeln) einen Überschuss. 2015 veröffentlichte er einen Artikel in *L'Apicoltore Italiano* über die Selektion von varroaresistenten Bienen, welcher kognitive, intellektuelle sowie übertragbare Fähigkeiten und Anpassung in Betracht zieht.[142] Aus seinem Artikel geht hervor, dass seine Bienen dank dieses Bewusstseins in der Lage sind, die Varroa in der verdeckelten Zelle zu erkennen, die Zellen zu öffnen, die Milben zu entfernen und die Zellen dann wieder zu verdeckeln. Er hat nie Drohnenbrut entfernt und lässt sogar die natürlichen Wabenbrücken mit Drohnenzellen stehen, da er das genetische Erbe der Drohnen als sehr wichtig einstuft. Er vermeidet Eingriffe, die zu Unruhe in den Bienenvölkern führen, und argumentiert, dass das Abtöten der Varroa mit Akariziden den Bienen den Druck nimmt, die Varroa selbst zu bekämpfen (zum Beispiel mit dem Putztanz).

Carlo Amodeo, der seit 1979 Imker ist, betreibt an den Hängen des Parks San Calogero in Sizilien einen kommerziellen Betrieb mit 2600 Bienenstöcken unter dem Namen Apicoltura Amodeo.[143] Er produziert Königinnen, Jungvölker, Honig (auch Sortenhonig), Gelée Royale und Propolis. Seine Beuten vom Typ Italica-Carlini, einer Abwandlung des Dadant-Blatts, werden von der Sizilianischen Biene *Apis mellifera siciliana* bevölkert und liegen über ganz Sizilien (mit Ausnahme der Provinz Catania) verteilt. 1992 stellte er die Varroa-Behandlung ein. Die genetisch reinen *Apis-mellifera-siciliana*-Völker seiner Bienenstände auf den kleinen Inseln (Filicudi und Alicudi) wurden nie gefüttert oder behandelt. Die aus sizilianischen Königinnen gezüchteten F1-Bienenvölker mit einem durchschnittlichen Hybridisierungsgrad von 25 Prozent werden nur dann gefüttert oder behandelt, wenn er mit ihnen wandert. In diesem Fall besteht das Futter aus Sirup oder Futterteig («Candy», siehe Seite 87). Er füttert keine schwachen Bienenvölker künstlich auf. Das Schwarm-Management erfolgt über das Teilen von Völkern. Seine durchschnittlichen Winterverluste liegen bei drei Prozent. Werkstatt und Lager sind dank einer 27-kW-Fotovoltaik-Anlage völlig CO_2-neutral.

Kanada

In Québec vertreibt Hubert Pilon mit seiner Firma Rebel Bees Warré-Beuten, Imkereiartikel und Honig. Er begann 2015 mit der Imkerei und hat noch nie behandelt. 2020 hielt er elf Völker in Warré-Beuten, die meisten davon mit Zargen aus 38 Millimeter dicken Zedernwänden. Seine Bienen sind gemischte Rassen von lokalen Züchtern. Ein Foto von einem seiner Bienenstöcke ist auf Seite 99 zu sehen. Bei der Überwinterung im Freien 2017 bis 2020 winterte er 8, 12 und 19 Völker ein. Davon überlebten ein, vier und fünf Völker. Er experimentiert mit verschiedenen Beute-Isolationen. Die Kissen-Zargen seiner Warrés füllt er mit gewaschener, kardierter Schafwolle. Er füttert nicht. Bezüglich Schwarm-Management arbeitet er mit Lockbeuten und Schwarmfängern und besucht seine Bienenstände häufig. Er sagt, dass in seiner Region der Varroadruck und die Virenbelastung immens seien. Der extreme Mangel an wilden Bienenvölkern und behandlungsfrei Imkernden, die jahrzehntelange Zucht auf spezifische, vielleicht nicht die richtigen Eigenschaften seiner lokalen Bienen und die sehr kalten und langen Winter tragen zu den hohen Winterverlusten bei. Bienen sind für Hubert Pilon Wildinsekten, die man einfach gewähren lassen sollte. Seiner Meinung nach ist der Engpass durch den Selektionsdruck notwendig, um letztlich ein echtes Gleichgewicht zwischen Wirt und Parasit zu erreichen.

Weitere namhafte behandlungsfrei Imkernde in Kanada sind Eliese Watson, Gründerin von ABC Bees, die mit ihrem Unternehmen Königinnen und Ableger vertreibt und Schulungen anbietet,[144] sowie Andrey und Sveta Anderson von Wild Mountain Honey.[145]

Niederlande

Albert Muller aus Nijbroek zwischen Apeldoorn und Deventer kaufte 1975 sein erstes Bienenvolk und startete damit seine Imkerei. Er hält ausschließlich lokale Bienen. Ab 1980 hielt er 100 bis 120 Bienenvölker. Nach 1995 reduzierte er seinen Bestand auf die heutige Zahl von 10 bis 15 eigene und fünfzig bis sechzig Bienenvölkern, die er zusammen mit einem Freund pflegt. Letztere setzt er für seine Imkereikurse ein. Seit 2003 verzichtet er auf Chemikalien. Er füttert seine Bienenvölker nur bei Bedarf, vor allem mit Honig, wenn dieser vorrätig ist, ansonsten mit Zuckersirup angerührt mit Kamillentee. Die Bienenvölker werden mit Honig überwintert, wenn sie genügend eingelagert haben. Er arbeitet nur mit Schwärmen und päppelt schwache Bienenvölker nicht auf, das heißt, er setzt nie eine Wabe aus einem Bienenvolk einem anderen Volk ein. Für ihn wäre das wie eine Transplantation von einem Körper in einen anderen. In den drei Jahren bis 2020 betrugen seine Bienenvölkerverluste 16 Prozent, 5,5 Prozent und 6,3 Prozent. Seit 2016 nehmen sein Freund und er an einer Varroatoleranz-Studie teil, an der noch vier weitere Imkerei-Gruppierungen beteiligt sind. Die Studie ist in Zeiträumen von drei Jahren angelegt, von denen die erste Periode bereits abgeschlossen ist. Von den zehn Bienenvölkern, mit denen sie zu Beginn an der Studie teilnahmen, waren acht nach drei Jahren noch am Leben. In der zweiten Periode sind nun einzelne Bienenvölker bereits sieben Jahre alt.

Österreich

In der Nähe von Neusiedl am See, Österreich, halten Norbert und Gabi Dorn dreißig Bienenvölker mit lokalen Bienen in einer topologisch abwechslungsreichen und biodiversen Landschaft in Seenähe. In ihrer naturnahen Imkerei produzieren sie gepressten Honig, den sie für nährstoffreicher halten als geschleuderten. Sie behandeln ihre Völker nicht. Die Winterverluste liegen bei etwa 25 Prozent. Norbert Dorn begann mit einem Kurs in konventioneller Imkerei, den er aber abbrach, um seinen eigenen, bienenzentrierteren Weg zu finden. Dabei wurde er inspiriert durch Schriften von Seeley, Bush, Steiner und

Gerstung. Zusätzlich zum Nichtbehandeln gegen Varroa platzieren Gabi und Norbert Dorn ihre Bienenstöcke weit voneinander entfernt. Sie verwenden keine Königinnengitter, entfernen keine Drohnenbrut und führen keine Schwarmkontrolle durch. Königinnen setzen sie nicht zu. Der Honig wird die ganze Saison über in den Völkern gelassen. Erst im Frühjahr wird eine geringe Menge geerntet. 2018 veranstalteten sie die erste europäische Konferenz zu behandlungsfreier Bienenhaltung, an der zahlreiche Redner teilnahmen, darunter John Kefuss. Die Vorträge wurden aufgezeichnet und sind größtenteils auf der Website von Gabi und Norbert Dorn verfügbar.[146]

Polen

Von all den behandlungsfrei Imkernden in Polen stelle ich hier nur einen vor, nämlich Bartłomiej (Bartek) Maleta.[147] Seit 2014 hält er – behandlungsfrei – etwa vierzig Bienenvölker verteilt auf sieben Standorte in der Nähe der Städte Limanowa und Krakau. Im Durchschnitt leben etwa sechs Völker an einem Standort. Meistens verwendet Bartek Maleta Bienenstöcke mit polnischer Standardbreite. Er verwendet am liebsten modifizierte Wielkopolski-Rähmchen ohne Mittelwände. Diese sind weniger tief als die Standard-Rähmchen, sodass – in doppelte Brutzargen gehängt – die natürlichen Waben in den unteren Kasten hinunterwachsen können. Zudem nutzt er einige Magazine mit einem um neunzig Grad gedrehten Dadant-Rahmen, der damit 435 Millimeter hoch ist. Diese Magazine sind der deutschen Einraumbeute («Golden Hive») recht ähnlich. Den Boden bildet eine mit Stroh gefüllte, geschlossene Zarge; die Fluglöcher befinden sich oben. Er vermehrt seine Völker durch Ablegerbildung aus den überlebenden Völkern und praktiziert eine sogenannte Expansionsimkerei («Expansion Model Beekeeping»).[148]

Auch seine eigenen Schwärme behält er als Ersatz und zur Vergrößerung. Aber die Erfahrung hat ihn gelehrt, dass Schwärme, die von anderswo kommen, den ersten Winter in der Regel nicht überleben. Vermutlich, weil sie mit der Varroa nicht zurechtkommen. Nur einige seiner Bienenvölker schaffen es, ihre gesamten Wintervorräte selbst anzulegen. Selten gibt es Überschuss-Honig. Normalerweise muss er acht bis zehn Kilogramm Zucker pro Volk verfüttern. Da die übliche Praxis, jedes zweite Jahr die Königin zu ersetzen, die natürliche Auslese sabotieren würde, weiselt er nur künstlich um, wenn Königinnen entweder aus Altersgründen oder wegen unzureichender Befruchtung drohnenbrütig werden.

Er begann mit Völkern, die von Bienen abstammen, die auf Resistenz gezüchtet worden waren (zum Beispiel von Elgon Bees und von Juhani Lunden). Aber diese Völker gingen in den ersten Jahren ein. Dank einiger Bienen, die er aus Österreich (Bioimkerei Wallner) und indirekt über einen Mitarbeiter aus Zypern (Roger White) erhielt, konnte er jedoch Bestände aufbauen, die immer besser an die lokalen Gegebenheiten angepasst sind. Er spekuliert, dass er zum gleichen Ergebnis gekommen wäre, wenn er von einer beliebigen lokalen Biene ausgegangen wäre, anstatt Genetik zur Varroa-Resistenz einzukaufen. Er wählt nicht nach individuellen Merkmalen aus, sondern favorisiert Bienen, die unter natürlicher Selektion überleben können.

Zusammen mit neun anderen gleichgesinnten Imkernden hat er eine Organisation namens Bee Brotherhood gegründet, um Bienen durch natürliche Selektion zu züchten und Zuchtmaterial auszutauschen. Er betont, wie wichtig es ist, dass die Arbeiterinnen resistenter Bienenvölker zusammen mit ihren Königinnen weitergegeben werden. Dies ist Teil der Erkenntnis, dass epigenetische Faktoren für die Varroa-Resistenz wichtig sein können. Ein Projekt der Bruderschaft nennt sich «Fort Knox». Ziel ist es, dass die beteiligten Imkerinnen und Imker sich gegenseitig helfen, durch natürliche Auslese verlorene Bienenvölker zu ersetzen, sodass niemand ohne Völker dasteht. Das Projekt umfasst 33 Bienenvölker. Für Bartek Maleta ist klar, dass dies nur ein Tropfen auf den heißen Stein ist, wenn man bedenkt, dass es in Polen etwa 1 500 000 Bienenvölker gibt, die von etwa 70 000 Imkernden betreut werden. Ein solch kooperativer Ansatz könnte jedoch ein Modell für die Zukunft der Entwicklung von Bienen sein, die gegen Schädlinge und Krankheitserreger resistent sind. Schließlich wissen wir nicht, welchen neuen Herausforderungen dieser Art unsere Bienen in Zukunft ausgesetzt sein werden.

Schweden

Marcus Nilssons Imkerei-Philosophie orientiert sich an den Prinzipien der Permakultur. Er begann 2012 mit der Bienenhaltung und stellte 2018 die Varroa-Behandlung ein. 2020 überwinterte er 21 unbehandelte Bienenvölker in schwedischen Trogbeuten, ähnlich den Layens. Seine Winterverluste sind in etwa vergleichbar mit denen von behandelten Völker in seiner Region, nämlich 13 bis 15 Prozent. Er lässt seine Bienen mit ihrem eigenen Honig überwintern. Wenn er eine Notfütterung vornehmen muss, verwendet er – wenn vorhanden – ebenfalls Honig oder selbst hergestellten Futterteig. Schwärme fängt er mit Lockbeuten ein. Er macht nur selten Ableger und auch nur dann, wenn die Bienen Königinnenzellen ziehen. Königinnen kauft er keine zu. Er fängt örtliche Schwärme ein (wilde und entwischte). Meist bestehen sie aus der lokalen Bienenmischung, das heißt, es sind Buckfast-Mischlinge. Einige Schwärme fallen durch etwas dunklere und «pelzigere» Bienen auf. Vermutlich stammen diese aus Wildbeständen. Er weiselt nicht künstlich um, versucht aber manchmal, schwächere Bienenvölker zu retten, indem er ihnen eine Brutwabe aus einem anderen Volk gibt, damit sie eine Notkönigin aufziehen können. Er legt keinen Wert auf Reinrassigkeit seiner Bienen, sondern arbeitet mit bereits vorhandenen Bienen, um einen lokalen Ökotyp aufzubauen. Großen Wert legt er darauf, die Bienen während des größten Teils der Saison ungestört zu lassen und nur drei- oder viermal im Jahr eine Volkskontrolle durchzuführen. Er erntet den Honig nach dem ersten Frost, falls die Bienen einen Überschuss haben.

Eine schwedische traditionelle Lindholm-Trogbeute, die der Layens-Beute sehr ähnlich ist. (Foto: Ulrika Kranshammar)

Schweiz

Fridolin Hess, der früher fünfzig Bienenvölker hielt, pflegt aktuell zwanzig Völker *Apis mellifera mellifera* auf Rähmchen mit Mittelwänden in Schweizerkästen in einem Bienenhaus. Er bringt seine Königinnen zur Begattung auf eine Belegstelle, da sein Bienenhaus in einem waldigen Gebiet liegt, wo *Apis mellifera carnica* vorherrschen. Aus pragmatischen Gründen hörte er 2009 mit der Behandlung auf, da er feststellte, dass seine Bienen kurz nach jeder Behandlung einen starken Neubefall aufwiesen. Eine Besonderheit seiner Arbeit ist, dass er seit über einem Jahrzehnt täglich den natürlichen Milbenfall aller seiner Bienenvölker aufzeichnet. Sein Verzicht auf Behandlungen war insofern erfolgreich, als seine Winterverluste in den zehn Jahren bis 2020 im Durchschnitt bei etwa acht Prozent lagen. Er selektioniert, indem er nur mit Königinnen aus Völkern mit geringer Milbenbelastung züchtet. Je nach Saisonverlauf muss er mit 10 bis 25 Kilogramm Zucker nachfüttern. Seine Honigerträge liegen zwischen ein und dreißig Kilogramm pro Volk und Jahr. Eine ungestörte Winterpause sieht er als zentral für die Varroa-Resistenz an. Am Schweizerischen Zentrum für Bienenforschung (Liebefeld) wurde nachgewiesen, dass seine Bienenvölker befallene Brut entfernen und somit ein Hygieneverhalten zeigen. Allerdings kann dieses Verhalten allein das Überleben seiner Völker nicht vollständig erklären. Seine Philosophie ist: «Wir müssen der Natur Zeit geben. Wir müssen den Bienen Zeit geben.»[149]

Das Bienenhaus für zwanzig Völker von Fridolin Hess und Weinreben

Innenansicht des Bienenhauses von Fridolin Hess mit seinen Schweizerkasten-Magazinen, jedes mit einer Schublade, damit man die Unterlage mit dem Milbenfall herausziehen und auszählen kann.

Er ist der Meinung, dass seine geringen Winterverluste eher mit seiner Betriebsweise als mit der Bienenrasse zu erklären sind: minimale Störung, ausreichend Futter und Wärme. Mitte Oktober engt er jedes Bienenvolk mit einem Trennschied auf sechs Waben ein. Dadurch ergibt sich im Winter ein Nestvolumen von etwa dreißig Litern. Im Frühjahr erweitert er das Nest mit neuen Mittelwänden auf maximal zehn Waben. Die kleinen Abstände zwischen seinen Bienenvölkern und die geringen Winterverluste deuten darauf hin, dass hier Milbenbomben kein Problem darstellen. Es könnte ein Hinweis darauf sein, dass das Konzept vielleicht sogar erfunden ist.

Im Rahmen der Diskussion darüber, ob die natürliche Selektion das Schicksal unserer Honigbienenvölker bestimmen sollte (Kapitel 4), ist folgende Aussage von Fridolin Hess besonders relevant:

> « Bei den Bienen fasziniert mich, dass sie selbständig sind, sich nicht lenken lassen wie andere Tiere. Wenn es ihnen nicht passt, dann zeigen sie es mir mit ihrem Stachel. Wenn mir ein Volk im Winter abstirbt und ich dann weiß, warum es gestorben ist, dann schmerzt mich das nicht so. Das ist die Natur. Was ich gar nicht mag, ist, wenn Bienen durch Abschwefeln getötet werden. »[150]

Tschechische Republik

Leoš Dvorský, der 2020 vierzig Bienenvölker betreute, begann 1963 im Alter von neun Jahren mit der Imkerei. Im Alter von elf Jahren befasste er sich bereits mit der Königinnenzucht und -selektion. 1970 entwickelte er ein System mit Einheitszargen, bei welchem man die flachen, 170 Millimeter tiefen Zargen mithilfe einer Hebebühne untersetzt, das heißt, unter das Bienenvolk schiebt. Er arbeitet auch mit Langstroth-Beuten. Seit 2005 verwendet er keine Mittelwände mehr. Seit 1992 überwintert er seine Bienen ausschließlich mit Honig und erntet nur den Überschuss. 1996 unterzog er seine Bienenvölker einem «Bond-Test» (siehe Seite 30) und fand 2002 sein erstes resistentes Volk. Er bildet Jungvölker mittels Kunstschwärmen und Ablegern, unterdrückt das Schwärmen aber ansonsten nicht. So kommt es zu einigen wenigen Schwärmen und vielen Ablegern. In der Tschechischen Republik ist man verpflichtet, Schwärme unbekannter Herkunft zu beseitigen. Aber er betrachtet das Schwärmen als eine Art Neustart des Immunsystems eines Bienenvolkes. Die Vorschriften machen auch Imkernden das Leben schwer, die ohne Rahmen mit Naturbau arbeiten möchten. Außerdem gibt es wie in Deutschland die Vorschrift der staatlichen Veterinärverwaltung, dass Bienenvölker behandelt werden müssen. Die Beamten sind befugt, einen Behandlungsplan anzuordnen, der auch eine Varroa-Behandlung mit Chemikalien beinhaltet. Er schafft es dennoch, seine Bienen ohne Behandlung zu halten, mit nur zwei oder drei Kontrollen pro Jahr. Seine Winterverluste von 2014 bis 2020 liegen bei durchschnittlich fünf Prozent. Die Natur, so Leoš Dvorský, setzt die Bienen jeden Tag einem evolutionären Test aus. Um seinen Bienen ein natürlicheres Leben zu ermöglichen, lässt er das so geschehen. Seiner Ansicht nach haben Zucht und Genetik bei Bienen erst einen Tierzuchtanteil von zwanzig Prozent erreicht.[151]

USA

In den USA gibt es eine florierende Bewegung für die behandlungsfreie (biologische) Imkerei. Ein Hinweis darauf sind verschiedene Treffen, zum Beispiel Imkerei-Workcamps auf dem Bienenstand von Michael Bush in Nebraska, die mindestens seit 2008 jedes Jahr stattfinden. In jüngerer Zeit finden ähnliche Treffen auch in weiteren Bundesstaaten wie Arizona, Florida und Massachusetts statt. Videoaufzeichnungen von einigen dieser Veranstaltungen können auf der Website von Laurie und Dean Stiglitz heruntergeladen werden, wo auch Einzelheiten über ihre eigene behandlungsfreie Imkerei und ihren Honigverkauf zu finden sind.[152]

Nach Angaben der US-amerikanischen Bee Informed Partnership (BIP) beantworteten im Winter 2019/2020 2494 Imker, die zusammen 206 456 Bienenvölker halten, die Frage nach Varroa-Behandlung. (Dies bei einem Rücklauf von insgesamt 3405 Antwortenden.) 416 Imkernde (mit insgesamt 3182 Völkern) gaben an, dass sie keine Varroa-Behandlung durchgeführt hätten. Das sind 17 Prozent aller Imkerinnen und Imker, die geantwortet haben, betreffen 1,5 Prozent aller gemeldeten Bienenvölker. Man kommt auch auf 17 Prozent, wenn man nur die sogenannten Hinterhof-Imkereien, das heißt Hobbyimkernde, berücksichtigt. Das bedeutet, dass fast alle Nichtbehandelnde Bienenhaltung hobbymäßig betreiben. Die 3258 Hobbyimkernden machen 96 Prozent der Antwortenden aus. Auf der Website des BIP der USA heißt es:

> « In diesem Jahr nahmen 3377 Imkernde mit 276 832 Bienenvölkern teil! Wir schätzen, dass dies fast zehn Prozent aller Bienenvölker in den USA entspricht, was uns ein gutes Bild über die Verluste gibt. »[153] [übersetzt]

Wenn die durchschnittliche Anzahl Völker pro Imkerei auch für die neunzig Prozent der amerikanischen Imkerinnen und Imker gilt, die nicht an der Befragung teilnahmen, dann können wir aus den obigen Zahlen schließen, dass es etwa 32 580 Hobbyimkernde gibt, von denen etwa 5539 keine Behandlung durchführen. Natürlich ist es ein Ding der Unmöglichkeit, die Vielfalt der Beutetypen und Haltungsformen in dieser Population darzustellen. Daher skizziere ich an dieser Stelle die behandlungsfreie Bienenhaltung von einigen wenigen der Befürwortenden dieser Form der Imkerei in den USA.

Kirk Webster, seit etwa fünfzig Jahren ein Imker in Vermont, betreibt einen kommerziellen Betrieb namens Champlain Valley Bees and Queens mit 300 Bienenvölkern für die Honigproduktion und mit mehr als 400 unbehandelten Jungvölkern, die er überwintert und verkauft.[154] Kirk Webster hörte in den Jahren 1996 bis 2002 schrittweise auf, gegen die Varroa zu behandeln.[155] Den Erfolg und die Rentabilität seines behandlungsfreien Betriebs führt er auf drei Hauptgründe zurück: erstens auf die Überwinterung der Jungvölker im Freien, zweitens auf die kurz vorausgehende Konfrontation der Bienen mit der Tracheenmilbe und drittens auf den Import von Bienen aus der russischen Primorski-Region in die USA. Die ersten beiden Gründe führten zu einem starken Selektionsdruck, der fittere Bienen hervorbrachte. Bis 2019 hat Kirk Webster 18 Jahre lang überschüssige Völker verkauft. Seine Winterverluste sind höher als in der Zeit vor dem Aufkommen der Varroa. Er kann verlorene Völker aber in der Regel leicht ersetzen.[156] Schädlinge und Krankheiten betrachtet er als Verbündete! In Fachzeitschriften hat Kirk Webster ausführlich über seine Bio-Philosophie in Landwirtschaft und Imkerei berichtet. Die Artikel sind auf der

Website über seine Arbeit verfügbar.[157] Einige seiner resistenten, russischen Königinnen haben sich in Tom Seeleys Drei-Königinnen-Versuch, der auf Seite 95 beschrieben wird, gut bewährt.

Les Crowder begann seine Imkerlaufbahn in den späten 1970er-Jahren in einem kommerziellen Betrieb mit 4000 Völkern.[158] Danach arbeitete er als saisonaler Bieneninspektor für das Landwirtschaftsministerium von New Mexico. Zu diesem Zeitpunkt imkerte er bereits behandlungsfrei (vorwiegend mit Langstroth-Beuten) – sehr zum Missfallen seiner Kolleginnen und Kollegen – und experimentierte schon mit Oberträger-Beuten. 1995 verkaufte er seine hundert Langstroth-Magazine und begann, Bienen ausschließlich in Oberträger-Beuten zu halten. Er war mehrmals Präsident der New Mexico Beekeepers Association. Im Jahr 2008 arbeitete er als Inspektor von Bienenvölkern für die kalifornische Mandelbestäubung. So erlebte er Völkerkollapse (Colony Collapse Disorder, CCD) und die «chemische Bienenhaltung» hautnah. Die Erfahrungen mit Oberträger-Beuten sind in seinem Buch «Top-Bar Beekeeping», das in sechzig Sprachen übersetzt wurde, beschrieben.[159] Heute lebt er in Austin, Texas, und bildet weltweit Imkerinnen und Imker in chemiefreier Bienenhaltung aus. Dafür arbeitet er auch an einer Videoserie. Er hält nur ein paar eigene Bienenvölker, aber sein Geschäftspartner imkert mit siebzig Oberträger-Beuten.

Solomon Parker begann 2003 mit der Bienenzucht auf weitgehend konventionelle Weise, indem er Kunstschwärme (Paketbienen) kaufte, diese aber nicht behandelte. Er hält seine Bienen in Langstroth-Beuten mit einheitlicher Rahmengröße und auf kleinzelligen Waben, aktuell lebt er in Oregon (früher jedoch in Arkansas und Colorado). Seine Bienenhaltung beschreibt er als eher «entspannt» statt «faul».[160] Er gründete und leitet die Facebook-Gruppe Treatment-Free Beekeepers, die Ende 2020 bereits 40 000 Mitglieder zählte.[161] Über die behandlungsfreie Bienenhaltung hat er viel geschrieben und Vorträge gehalten.[162] Sein Blog enthält kurze Artikel zu zwei Themen, die in diesem Buch behandelt werden, nämlich Milbenbomben (siehe Seiten 32 und 41) und die scheinbare Unmenschlichkeit, Bienenvölker sterben zu lassen (siehe Seite 35). Ich fasse hier das Wesentliche seiner Ansicht zu letzterem Thema zusammen. Arbeiterinnen und Drohnen sind relativ kurzlebige, kaltblütige Insekten mit sehr wenigen erlernten Verhaltensweisen im Vergleich zu höheren Tieren wie dem Menschen. Ihre Empfindungen unterscheiden sich von den unseren. Ein Bienenvolk, das im Winter stirbt, wird zunächst träge und stellt seine Tätigkeit ein, während sich die Bienen eines Volkes, das im Sommer kollabiert, in benachbarte Völker einbetteln. Die gängige Praxis der regelmäßigen künstlichen Umweiselung, bei der die alte Königin getötet wird, ist unmenschlicher als natürliches (stilles) Umweiseln. Der kurzer Reproduktionszyklus von Erneuerung und Tod der Honigbiene ermöglicht eine schnelle Adaption. Diese kompensiert die begrenzte Fähigkeit der Bienen, Verhalten zu erlernen. Und schließlich zitiere ich Parker:

> « Es ist nicht unmenschlich zuzulassen, dass ein Insektenvolk aus eigener Kraft aufhört zu existieren, weil es nicht über die genetischen Mittel verfügt, seine Krankheiten zu bekämpfen. Das ist die Natur. Es ist nicht nur so, wie die Dinge sind, sondern auch so, wie sie sein sollten. Die behandlungsfreie Bienenhaltung versucht, den Bienen dieses natürliche Gleichgewicht zurückzugeben und sich nicht in Dinge einzumischen, mit denen diese selbst zurechtkommen sollten. Und die wilden Bienen, von denen unsere wunderbaren überlebenden Bienen profitieren, tun dies bereits. »[163] [übersetzt]

Es gibt noch viele andere Beispiele für behandlungsfreie Imkerei in den USA, von denen einige an dieser Stelle mit ihren Webseiten zur weiteren Lektüre erwähnt sein sollen: Michael Bush[164], Sam Comfort[165], Danny Weaver[166], Troy Hall[167] und Anita Deeley[168], Dean Stiglitz[169] und Cory Stevens[170].

Vereinigtes Königreich

Dem behandlungsfreien Experiment in Gwynedd, Nordwest-Wales, ist ein eigenes Kapitel gewidmet (siehe Seite 44). Im restlichen Vereinigten Königreich sind es vor allem einzelne Imkernde, die keine Behandlung gegen die Varroa vornehmen. Die meisten von ihnen orientieren sich an der natürlichen Bienenhaltung und können sich über Organisationen wie den Natural Beekeeping Trust, die Oxfordshire Natural Beekeeping Group, Hampshire Natural Bees oder Bees for Development mit anderen gleichgesinnten Imkerinnen und Imkern zusammenzuschließen.[170]

Joe und Chris Ibbertson halten zwischen zwanzig und vierzig Bienenvölker in «National»-Beuten. Sie sind in Northamptonshire zu Hause, in einem Gebiet, das von behandelnden Imkerinnen und Imkern umgeben ist. Zur Vermehrung verwenden sie nicht nur Schwärme, sondern auch Ableger. Sie halten nur bis zu vier Bienenvölker pro Standort. Für den Winter wird jedem Volk ein Honigraum belassen. Sie nehmen möglichst wenige Eingriffe vor. Schwache Bienenvölker werden abgewischt und nicht künstlich umgeweiselt. Sie sind der Meinung, dass mit jedem Honigbienentyp unbehandelt geimkert werden könne, eine lokale Bienenart sei jedoch von Vorteil. Sie warnen jedoch davor, der Varroa in die Hände zu spielen, indem man Bienen außerhalb ihrer natürlichen Dynamik hält. Bei 214 Bienenvolk-Wintern zwischen 2011 und 2022 haben sie 36 Völker verloren, das heißt zwanzig Prozent (siehe Tabelle unten). Die durchschnittlichen Verluste in Südengland, die vom BBKA für denselben Zeitraum erhoben wurden, lagen bei 18 Prozent. Diese Zahl betrifft zu einer Mehrheit Behandelnde. Man könnte aus diesen Statistiken – wie auch aus dem Beispiel von Gwynedd – den Schluss ziehen, dass mit der Behandlung nur sehr wenig gewonnen werden kann. Als Reaktion auf eine Kritik am Gwynedd-Experiment in *The Welsh Beekeeper* verteidigten Joe und Chris Ibbertson ihre Praxis in einem Brief an den Herausgeber. Sie wiesen darauf hin, dass die jahrelange künstliche Selektion auf Varroaresistenz-Merkmale keine nachhaltige Lösung des Varroa-Problems gebracht habe. Grundsätzlich interessieren sie Resistenzeigenschaften nicht.[172] Sie schrieben:

> « Alles, was Sie tun müssen, ist genau das, was Sie immer tun: Krankheiten überwachen, den Gesundheitszustand des Volkes beobachten und von den überlebenden sowie den besten Völkern nachziehen. » [übersetzt]

Die folgende Tabelle zeigt die Winterausfallstatistik der Ibbertsons bis 2022:

Winter	überwinterte Völker	überlebende Völker	Winterverlust in %	BBKA südliche Region Winterverlust in %
2011–2012	2	1	50	15
2012–2013	4	4	0	27
2013–2014	8	8	0	12
2014–2015	19	13	32	14
2015–2016	27	18	33	20
2016–2017	38	34	11	11
2017–2018	23	14	40	35
2018–2019	19	19	0	8
2019–2020	25	21	12	17
2020–2021	28	27	4	23
2021–2022	21	19	10	17
Durchschnittswerte:			**17**	**18**

Dorian Pritchard, der auf mehr als vier Jahrzehnte Imker-Erfahrung zurückblicken kann, hält fünf bis acht Völker der in Northumberland (fast) einheimischen Dunklen Biene. Er weist darauf hin, dass die Dunkle Biene *(Apis mellifera mellifera)* alles überlebt hat, was ihr die Natur in Großbritannien entgegenstellte, und dass sie die «ultimative Überlebenskünstlerin und damit von nationalem Wert» ist. Er lehnt es ab, die Selektion auf *Apis mellifera mellifera* mithilfe der Morphometrie usw. nur nachzuahmen, da dies die notwendige Vitalität nicht wiederherstellen würde, und arbeitet daran, die Dunkle Biene durch «verstärkte

Naturkräfte» (wie er es nennt) wieder zu erschaffen.[173] Man könnte sein Vorgehen mit der Selektion vergleichen, die von den Spartanern praktiziert wurde. Er sagt, dieses «Wachsen/Anpassung durch Widrigkeiten» verändere die einzelnen Arbeiterinnen auf der Ebene des Bienenvolks und wirke innerhalb derselben Generation. Als die Varroa im Jahr 2000 auftrat, stellte er fest, dass seine Bienen bereits über den notwendigen genetischen Hintergrund verfügten, um der Milbe zu widerstehen. Dies zeigt, dass sich die Resistenz vor allem dann entwickelt, wenn die Biene mit einem starken Milbenbefall konfrontiert wird. Im Jahr 2002 stellte er die Behandlung ein.[174] Eines von mehreren Merkmalen, welches er bei seinen Bienenvölkern feststellte, war ein aggressives Notfall-Putzverhalten (Allogrooming). Der Bericht, wie sein Bienenvolk «JB5» einen massiven Varroa-Befall ohne seine Hilfe überwand, ist faszinierend. Er schreibt:

> « Die Fähigkeit eines Bienenvolkes, sich gegen Ektoparasiten zu verteidigen, ist mit ziemlicher Sicherheit in den Genomen einiger *Apis-mellifera*-Rassen angelegt. Aber das tatsächliche Auftreten dieses Verhaltens erfolgt möglicherweise nicht spontan. Selbst bei potenziell resistenten Bienen kann es erforderlich sein, dass sie einem Befall ausgesetzt sind, den manche als gefährlich intensiv bezeichnen würden, und dass die Bienen Zeit brauchen, um ihre ererbten Fähigkeiten besser auszubilden. Es könnte daher ein Fehler sein, Bienenvölker gegen Varroa zu behandeln, ohne sie vorher einer beträchtlichen Milbenexposition auszusetzen … » [übersetzt]

Jonathan Brookhouse hielt bis in die späten 1980er-Jahre zwanzig Völker in Israel. Nach seinem Umzug nach Surrey nahm er die Imkerei 2005 wieder auf und stellte 2013 jegliche Varroa-Behandlung ein. Im selben Jahr wurde er für vier Jahre saisonaler Bieneninspektor (ein auf den Sommer beschränktes Amt) bei der National Bee Unit. Die Erfahrungen in diesem Amt machten ihn nachdenklich und führten dazu, dass er «resiliente», nahezu einheimische Völker hält. Er hält fünfzig bis sechzig Bienenvölker und verkauft Königinnen und Ableger.[175]

Phil Chandler, Autor des Buches «The Barefoot Beekeeper» und Imkerei-Instruktor, begann im Jahr 2000 zu imkern. Er startete mit lokalen Bienen aus dem Südwesten des Vereinigten Königreichs, die überwiegend von der Art *Apis mellifera* abstammen. Obwohl ein gewisses Maß an Vermischung unvermeidlich ist, hält er seine *Apis mellifera mellifera* durch selektive Zucht aus seinen besten Völkern auf einer abgelegenen Belegstation rasserein. Die Resultate entsprechen nicht immer dem Plan oder dem, was Phil Chandler sich erhofft, aber im Laufe der Zeit konnte er eine allgemeine Verbesserung der Überlebensrate und des allgemeinen Gesundheitszustands feststellen. Heutzutage ist sein Grundsatz, die Genetik von Bienen, die sich nicht selbst versorgen können, nicht zu erhalten. Im Jahr 2002 stellte er die Behandlung mit synthetischen Mitteln ein. Bis 2014 verwendete er Puderzucker zur Varroa-Behandlung, hörte aber auf damit, weil die Methode invasiv und nicht besonders wirksam war. Er hält 45 Bienenvölker in folgenden Beutetypen: Oberträger, Langstroth, «Quadratic», Dadant, «National», «Flow» und Warré. Seine Winterverluste betrugen in letzter Zeit 15 Prozent, liegen jedoch in der Regel bei zehn Prozent. Als Schwarmvorwegnahme bildet er Ableger. Weiter hält er einige Völker, bei denen er keine Eingriffe vornimmt und die frei schwärmen können. Er fängt lokal Schwärme ein und verwendet Lockbeuten. Dabei stellt er fest, dass die Schwärme oftmals vom gleichen Bienenstandort stammen. Schwache Völker rettet er selten mit neuen Königinnen, da sie – um einen Rettungsversuch zu rechtfertigen – über höchst wünschenswerte Eigenschaften verfügen müssten. Er füttert je nach Bedarf Zuckersirup (im Verhältnis 1:1 oder 2:1) oder Futterteig in den Wintermonaten. Im Herbst 2020 schienen ihm einige Bienenstöcke zu leicht, da er eigentlich die Efeutracht und damit Gewichtszunahme erwartet hatte. Er fütterte deshalb mehr und länger als üblich.[176]

John Haverson, der 2003 mit der Imkerei begann und nur lokale Bienen aus Hampshire einsetzt, hält neun Bienenvölker in Warré-Beuten sowie einem «Golden Hive» (modifizierte Einraumbeute). Für drei nicht bewirtschaftete Bienenvölker stellt er Klotzbeuten auf. Die endgültige Position einer Beute bestimmt er mit einer Wünschelrute. 2008 stellte er die Behandlung ein. Vom Winter 2010/2011 bis zum Winter 2019/2020 verzeichnete er durchschnittliche Völkerverluste von unter zehn Prozent. Er vermehrt seine Völker mit Schwärmen und verzichtet auf künstliches Umweiseln oder andere Rettungsmaßnahmen für schwache Völker. Bei schlechtem Wetter werden neu einlogierte Völker über Nacht mit 0,5 Kilogramm Honig (verdünnt zu Sirup) gefüttert. Zur Notfütterung eines Volkes, das mit zu wenig Vorräten aus dem Winter kommt, verwendet er 0,5 Kilogramm Wabenhonig aus zurückgelegten, gefrorenen Futterwaben. Zum Füttern wird ein Wabenstück unter einem umgedrehten Behälter auf das Oberträgertuch der Warré-Beuten gelegt. Das Tuch hat ein kleines Loch, durch welches die Bienen ans Futter kommen. Wenn ein Bienenvolk zusammenbricht, werden die Bienen abgewischt. Honig und Wachs sind so nicht verloren. John Haverson bietet jedes Jahr einen Kurs über die behandlungsfreie, natürliche Bienenhaltung an. Nach einem Vortrag, den er 2008 hielt, wurde er gebeten, die Hampshire Natural Bees Group zu gründen, die bis 2020 fast hundert Mitglieder zählte. Einige stammen auch aus benachbarten Grafschaften.[177] Er hat die Winterverluste der Gruppe für die Jahre 2014 bis 2017 erhoben. Die Zahlen für mehr als hundert Bienenvölker (von denen etwa zehn Prozent Wildvölker waren) belaufen sich auf sechs Prozent, elf Prozent beziehungsweise 15 Prozent. Zur Vermehrung werden innerhalb der Gruppe Schwärme weitergegeben. So helfen sich die Mitglieder, die über den Winter verlorenen Bienenvölker zu ersetzen.

Ron Hoskins untersucht eine Unterlage mit (durch den Gitterboden gefallenem) Gemüll auf Varroa, beschädigte Milben und Puppenfühler.
(Foto: Ruedi Ritter)

Ron Hoskins (Wiltshire) begann 1943 im Alter von zwölf Jahren mit der Imkerei. 2019 waren seine zwanzig Bienenvölker seit 24 Jahren nicht gegen Varroa behandelt worden. Die Milbe kam 1992 nach Südengland, und zwei Jahre später fand er die erste in einem seiner Bienenstöcke. Da er wusste, dass Akarizide für die Bienengesundheit problematisch sind, beschloss er, Bienen zu züchten, die gesund und resistent gegen die Milbe sind. Durch akribisches Zählen und Untersuchen des natürlichen Milbenfalls unter den Gitterböden seiner Bienenstöcke begann er, auf Pflege- und Putzverhalten (Grooming) zu selektieren. Er wählte insbesondere Völker aus, bei denen er beschädigte Milben fand. Indem er Königinnen zwischen Völkern mit unterschiedlichem Pflegeverhalten austauschte, stellte er fest, dass es sich bei diesem Verhalten um ein genetisches Merkmal handelte. Ein weiteres Selektionsmerkmal waren Puppenfühler auf den Unterlagen. Diese weisen gemäß Ron Hoskins insofern auf Hygieneverhalten hin, als die Arbeiterinnen Fühler abschneiden, wenn sie von der Varroa geschädigte Puppen entfernen. Er selektioniert Völker mit effizientem Grooming-Verhalten und weiselt die weniger effizienten um. Die Bienen von Hoskins weckten das Interesse der Forschung, die sich mit dem Deformed Wing Virus (DWV) befasst, einem Virus, das von der Varroa übertragen wird.[178] Die Forschenden stellten fest, dass der avirulente Typ B des DWV in den Bienenvölkern von Hoskins vorherrschte, während der Typ A fehlte. Dies veranlasste sie zu der Hypothese, dass in den Bienenvölkern ein Ausschluss der Superinfektion wirksam war.[179] Mit Hoskins arbeiten inzwischen auch andere, behandlungsfrei Imkernde der Region Swindon zusammen.[180]

Joe Bleasdale ist ein pensionierter Systemingenieur. Er hält seit über dreißig Jahren Bienen in den Grafschaften Hampshire und Somerset. Im Jahr 2000 stellte er die Behandlung ein.[181] Zusammen mit anderen Mitgliedern der Somerset Beekeepers Association züchtet er varroatolerante Bienen mit ausgeprägtem Hygieneverhalten. In seinem Buch «Keep Bees Without Fuss or Chemicals» beschreibt er seine Grundsätze der Bienenzucht.[182] Er behandelt seine Bienenstöcke nicht medikamentös; entfernt keine Königinnenzellen; beschneidet/markiert keine Königinnen; entfernt keine Drohnenbrut. Alte Königinnen ersetzt er nicht; er kauft keine Mittelwände und imkert mit lokalen Bienen. Seine Bienenstöcke bewirtschaftet er zum Wohle seiner Bienen und erntet ihren Honig nachhaltig.

Paul Honigmann in Oxfordshire begann 2010 mit der Imkerei und stellte 2012 die Behandlung ein. Obwohl er mit Buckfast-Bienen begann, starben diese im ersten behandlungsfreien Winter. Heute hält er lokale Bienen in Warré- und Oberträger-Trogbeuten. Seine durchschnittlichen Winterverluste liegen bei 18 Prozent, das heißt, sie sind identisch mit denen des BBKA für Südengland (siehe Tabelle auf Seite 68). Er hat das Füttern von Bienenvölkern schrittweise eingestellt und 2018 ganz damit aufgehört. In seinen Beuten sorgt er für ausreichend Platz. Kommt es dennoch zu Schwärmen, kann er die meisten einfangen, da sein Bienenstand in Sichtweite seines Hauses liegt. Überzählige Schwärme gibt er an Imkernde aus der Nachbarschaft ab, die ebenfalls naturnahe Bienenhaltung betreiben. Schwache Bienenvölker weiselt er nicht um und rettet sie auch nicht. Er arbeitet an einem Buch mit dem Titel «Natural Beekeeping: a User's Guide».

Colin Rees in Cornwall begann 1997 mit der Imkerei und hält normalerweise 25 Völker. 2020 hat er seine Imkerei allerdings – teils aus Schwärmen von einem wild lebenden Baum-Bienenvolk – auf 36 Völker erweitert. Er hat immer nur lokale Königinnen eingesetzt, die entweder von Schwärmen aus der Nachbarschaft, von Ablegern oder aus eigener Aufzucht stammen. Er betreibt einen Hauptstandort und drei Außenbienenstände. Eingriffe vermeidet er nach Möglichkeit (Laissez-Faire-Bienenhaltung). Seine Völker lässt er schwärmen. Um Schwärme wieder einzufangen, benutzt er Lockbeuten. Im Dezember/Januar stellt er seinen Völkern Futterteig bereit, bis der Schwarzdorn *(Prunus spinosa)* blüht. Schwärme und Ableger füttert er mit 1:1-Zuckersirup, um den Wabenbau zu fördern. Im Übrigen füttert er seine Bienen jedoch nur selten, wenn überhaupt. Ausnahmen macht er bei Trachtlücken während der Saison oder wenn ein Volk Mühe hat.

In seiner Gegend gibt es normalerweise eine sehr gute Efeutracht, weshalb sich das Füttern im Frühling oder gar Winter ohnehin erübrigt. 2009 stellte er die Varroa-Behandlung mit Thymol ein. Anfangs hatte er hohe Verluste, aber mit der Zeit gingen nur noch wenige Völker ein. Im Winter 2019/2020 verlor er beispielsweise nur ein Bienenvolk wegen Weisellosigkeit. Wie bei mehreren anderen Imkernden mit ähnlicher Bienenhaltung sind seine Verluste im Allgemeinen auf eine schlechte Befruchtung der Königin zurückzuführen. Sie wird drohnenbrütig oder fällt ganz aus, was dann zu Buckelbrut (einer legenden Arbeiterin) führt. In einem besonders strengen Winter verlor er einige Bienenvölker, die nicht mehr ans Futter kamen (Futterabriss). Aber in den letzten Jahren hat er kein einziges Volk wegen Varroatose verloren. Er weiselt schwache Bienenvölker nicht um, sondern lässt die natürliche Selektion walten. Colin Rees betreibt einen Blog namens Beemania.[183]

Simon Kellam begann 2013 mit der Imkerei, verzichtete von Anfang an auf eine Varroa-Behandlung. Weiter minimiert er jegliche Eingriffe ins Bienenvolk. In den ersten Jahren verlor er einige Bienenvölker. Er hält fünf Völker in seinem eigenen Bienenstand und fünf weitere für die Roseland Bee Group in den Lost Gardens of Heligan. Seit 2018 hatte er keine Winterverluste mehr, aber es kommt vor, dass einzelne Völker gegen Ende des Sommers weisellos sind. Er weiß nicht weshalb; möglicherweise wurden sie schlecht begattet. Er hofft, dass seine Auswilderung von Honigbienen zu einer besseren «Drohnenqualität» beitragen wird. Gemäß Simon Kellam ist es wichtig, mit geeigneten Beuten, Naturbau und ohne Königinnen-Absperrgitter zu arbeiten. Er ist daran, die Isolation seiner Beuten zu optimieren (siehe Abbildungen unten). Die Wände seiner Beuten sind aufgeraut, um die Propolisierung zu fördern. Er stellt seine Beuten nicht direkt auf den Boden und positioniert sie, wenn möglich, auf Ley-Linien. Simon Kellam stellt seine Bienenstöcke nach Möglichkeit in Abständen von zehn Metern auf. Er beachtet die Mondzyklen, wenn er Beuten öffnet. Seine Bienen stammen von lokalen Schwärmen ab. Auch er lässt seine Völker frei schwärmen. Da er der Natur ihren freien Lauf lässt, weiselt er schwache Bienenvölker nicht um. Er rettet sie auch nicht anderweitig, obwohl auch schon einmal ein Schwarm ein schwaches Volk verdrängt hat (sogenannte Usurpation).[184]

Simon Kellams sechseckige Öko-Beute mit Großaufnahme der Isolation (Foto: Ruedi Ritter)

Fred Ayres begann im Jahr 2000 mit der Imkerei. 2006 stellte er die Varroa-Behandlung ein und begann im gleichen Jahr mit Naturbau-Waben. Er lebt nah der Grenze zwischen Lancashire und Cumbria und hält neun Bienenvölker am Hauptstandort und sechs weitere an einem Außenstand. Die Verluste in den letzten 15 Jahren betrugen am Hauptstandort 15 Prozent (mit einer Variation von 0 bis 33 Prozent) und am Außenstand zwölf Prozent (Variation von 0 bis 66 Prozent). Er begann mit lokalen Mischrassenbienen, kauft aber seit einer Weile Dunkle Bienen aus Schottland oder Irland dazu. Er experimentierte mit Warré- und Lazutin-Beuten, hält aber aktuell die meisten seiner Bienenvölker im «Lune Valley Long»-Magazin, einer Beute mit zwanzig Waben, die auf dem Layens-Design basiert und mit Isolation und einem Öko-Boden ausgestattet ist. Ableger und eingefangene Schwärme füttert er, um sie für die Überwinterung vorzubereiten. Im Übrigen füttert er Bienenvölker generell nicht. Er weiselt schwache Völker nicht um und kontrolliert das Schwarmverhalten seiner Völker nicht. Aber er stellt großzügig Lockbeuten auf. Seine Völker vermehrt er auch durch Ableger beziehungsweise Jungvolkbildung. Fred Ayres ist zudem Vorsitzender der Lune Valley Community Beekeepers. Diese Wohltätigkeitsorganisation engagiert sich primär für die Interessen von Bienen und Umwelt sowie minimalinvasive Bienenhaltung und weniger für konventionelle Imkerei oder Honigproduktion. Der Verein kauft Dunkle Bienen von zwei schottischen Züchtern zu, da es nicht genügend lokale Bienen gibt, um neue Mitglieder zu versorgen. Der Verein baut eine Zuchtimkerei auf mit dem Ziel, dass bis 2023 keine Bienen oder Königinnen mehr zugekauft werden müssen. Die Mitglieder verwenden Ambrosia® und Invertbee zur Fütterung; einige wenige füttern Zuckersirup. Der Verein behält auch wilde Bienenvölker im unteren Lune-Tal im Auge, wobei auch Beobachtungen von Wandernden das Monitoring unterstützen.[185]

Biotechnische Methoden gegen die Varroa – der halbe Weg zur behandlungsfreien Bienenhaltung 7

Wenn man auf chemische Behandlungen verzichten, aber der Milbe nicht freien Lauf lassen will, könnte eine oder mehrere der biotechnischen Methoden von Interesse sein. Im Folgenden gebe ich keine Anleitung zu den Methoden, sondern beschreibe lediglich, was sie beinhalten, und kommentiere sie. Generell ist zu bedenken, dass eine künstliche Reduktion der Milbenbelastung in einem Volk die mögliche Ko-Adaptation von Bienen und Milben verringert oder verzögert.

Falls Lesende in diesem Abschnitt die Puderzuckermethode (Entfernung von Milben durch Einstäuben des Volkes mit Puderzucker) erwarten, müssen sie wissen, dass diese Methode getestet wurde. Sie hat sich im Test (im Zweiwochen-Rhythmus über elf Monate) als unwirksam erwiesen.[186] Sie funktioniert jedoch gut, um Milben auf einer Probe erwachsener Bienen zu zählen. Die Bienen werden in einem geschlossenen Behälter gründlich im Puderzucker geschüttelt; die Milben fallen ab und können gezählt werden. Dieses Vorgehen hat den Vorteil, dass die Bienen lebend in ihren Stock zurückkehren können.

Gitterböden (Unterlagen geschützt durch Gitter)

Dies ist möglicherweise die am wenigsten schädliche und sicherlich die einfachste der hier vorgestellten Methoden. Der Boden wird durch einen Gitterboden aus Metall ersetzt, durch den Varroa fallen kann, der aber zu feinmaschig ist, um Bienen oder Wespen durchzulassen. Darunter kann eine Schublade angebracht werden, die mehr als fünfzig Millimeter unter dem Gitter liegt, um Gemüll, einschließlich Milben, aufzufangen. So kann der Imkernde anhand des angesammelten Gemülls sehen, was im Bienenvolk vor sich geht. Wenn sich beispielsweise im Frühjahr unter einer bestimmten Wabengasse viel Verdeckelungswachs angesammelt hat, ist dies ein Hinweis darauf, dass die Bienentraube dort am aktivsten ist. Auf diese Weise kann auch der natürliche Milbenfall gezählt und daraus die Varroa-Belastung im Bienenvolk zu verschiedenen Zeiten des Jahres abgeschätzt werden. Alle britischen «National»-Beuten, die ich zu Beginn meiner Imkertätigkeit besaß, hatten Gitterböden. Ich verwendete sie ohne die darunter liegende Schublade, um die Belüftung zu verbessern, da ich wusste, dass die Bienentraube durch eine 100 Millimeter lange Verlängerung der Wände über den Gitterboden hinaus (als Teil des Gestells) vor Wind geschützt war. Ich habe solche Böden auch für meine Warré-Beuten angefertigt, die ich phasenweise einsetzte, um den natürlichen Milbenfall über 72 Stunden zu messen. Da meine Bienenvölker weitgehend ohne Behandlungen auszukommen schienen, ließ mein Interesse am Zählen der Milben bald nach, und ich verwende die Gitterböden jetzt nur noch selten.

Eine Meta-Analyse zeigt, dass Gitterböden nur bis zu einem gewissen Grad auf die Milbenreduktion in den Völkern hinwirken.[187] Eine andere Studie, die nicht in die Meta-Analyse einbezogen wurde (möglicherweise weil sie nicht in einer von Experten reviewten Zeitschrift veröffentlicht wurde), zeigt aber auf, dass Gitterböden das Gegenteil bewirken könnten, das heißt, dass der Varroa-Befall durch die Schaffung kühlerer, weniger feuchter Bedingungen im Nest unterstützt wird.[188] Meiner Erfahrung nach kann sich der für die Bienen unzugängliche Bereich unterhalb des Gitterbodens zu einem Paradies für kleine Wachsmotten entwickeln. Außerdem fangen die Bienen an, das Gitter von den Rändern her nach innen mit Propolis zu verkleben. Gitterböden sind jedoch ein nützliches Hilfsmittel bei der Diagnose von Bienenvölkern, zum Beispiel, wenn man, wie Ron Hoskins feststellte (Seite 71), nach Fühlerfragmenten als Indikator für Hygieneverhalten oder nach beschädigten Milben als Hinweis für aggressives Allogrooming (gegenseitiges Putzen) sucht.

Gitterboden für ein Warré-Magazin

Milbenfang – die Königin auf einer Wabe einsperren

Bei dieser Behandlung wird die Königin eingesperrt, sodass sie nur auf einem Wabenstück (oder einer ganzen Wabe) Eier legt. Der Käfig, der eine ganze Wabe umschließen kann, hat ähnlich große Lücken wie ein Königinnen-Absperrgitter, sodass die Arbeitsbienen ungestört kommen und gehen können. Dies natürlich auch, damit die Königin gepflegt und gefüttert wird. Nach neun Tagen wird die Königin auf eine neue Wabe (oder ein neues Wabenstück) gesetzt. Dieser Vorgang wird noch einmal wiederholt. Die Varroa zieht in die offene Brut ein, die dann von den Arbeiterinnen verdeckelt wird. Jedes der drei verdeckelten Wabenfelder wird aus dem Bienenvolk entfernt – zusammen mit den Milben in den Zellen. Diese Methode reduziert gemäß Studien die Milbenzahl relativ wirksam, ohne dass sie zusätzlich chemische Behandlungen erfordert.[189] Zwei offensichtliche Nachteile dieser Methode sind, dass sie invasiv und zeitaufwendig ist und mehr als eine Generation junger Bienen sowie die Ressourcen, die für ihre Aufzucht eingesetzt wurden, dabei verloren gehen.

Milbenfang – Drohnenschnitt (Entfernen von Drohnenbrut)

Die geschlechtsreifen, weiblichen Varroa-Milben werden von offener Drohnenbrut viel stärker angezogen als von offener Arbeiterinnenbrut. Bei dieser Methode werden einige kürzere Rähmchen am Rand des Brutnests (aber nicht als letzte Wabe zur Beutewand) eingesetzt. Die Bienen können unter diesen Rähmchen Drohnenwaben bauen. Wenn die Drohnenwaben vollständig ausgebaut sind und ihre Brut verdeckelt ist, werden sie entfernt und eingeschmolzen. Dieser Vorgang muss im Frühjahr und Sommer mehrmals wiederholt werden. Ein möglicher Vorteil dieses Verfahrens ist, dass die Bienen der Varroa trotzdem ausgesetzt sind, da die Milben nicht sehr effizient entfernt werden. So kann ein Volk sein adaptives Verhalten, wie zum Beispiel Putzen (Grooming), trotzdem entwickeln. Ein Nachteil ist wiederum der Verbrauch von Volk-Ressourcen, um die Drohnenwabe zu bauen und die sich entwickelnden Drohnenlarven zu füttern.

Eine Variante dieser Methode, die etwas sparsamer mit den Ressourcen des Volkes umgeht, ist das Einsetzen ganzer Kunststoffrahmen, die mit einer mit Bienenwachs beschichteten Drohnenmittelwand aus Kunststoff versehen sind. Wenn die Zellen mit Eiern bestückt und dann verdeckelt sind, wird die Wabe eingefroren, um Puppen und Milben rasch zu töten. Danach wird sie dem Bienenvolk zurückgegeben, damit die Bienen den Inhalt der Zellen entfernen können. Dieser Zyklus wird dann wiederholt. Der Haken an dieser Methode ist, dass dadurch mehr Plastik in die Umwelt gelangt.

Ein Faktor, der die Effizienz der Methode verringert, ist, dass sie in der Regel dann angewendet wird, wenn sehr viel mehr Arbeiterinnenbrut vorhanden ist. Diese ist zwar weniger attraktiv für die Milben als die Drohnenbrut, lockt aber dennoch einige Milben an, weil es einfach viel mehr davon hat.

Niederländische Forscher haben eine weitere, wesentlich komplexere und noch zeitaufwendigere, aber sehr effiziente Methode der Milbenentfernung durch Drohnenbrutfang entwickelt. Bei diesem vierwöchigen Vorgehen braucht es zwei Völker sowie einen Ableger, der von einem der beiden Völker gebildet wird. Die Methode erreichte eine Effizienz von bis zu 93,4 Prozent der Milbenentfernung.[190]

Das Entfernen der Drohnenbrut wird auch mit der Kastration des Bienenvolks gleichgesetzt. Jede Region braucht eine gesunde Drohnenpopulation, damit Königinnen mehrfach begattet werden und so die individuelle Fitness der Völker gewährleistet ist.[191]

Bevor ich das Thema Milbenfang verlasse, möchte ich kurz auf die biotechnische Methode Muller-Brett eingehen. Das Brett ist nach seinem Erfinder Albert Muller aus den Niederlanden benannt. Als die Varroa in seine Bienenvölker eindrang, behandelte er zuerst mit Ameisensäure und danach mit Oxalsäure. 1990 entwickelte er dann jedoch eine biotechnische Behandlung, die als Muller-Brett bekannt wurde. Im Jahr 2006 stellte er die Behandlung bei 15 seiner Bienenvölker ein, und seit 2008 behandelt er auch seine restlichen achtzig Völker nicht mehr. Das Brett verwendet er nicht mehr, da seine Bienenvölker milbenresistent geworden sind.[192] Es wurde in Kombination mit einer üblichen Form des Schwarm-Managements verwendet, bei der sich die Königin und die Flugbienen in der unteren Hälfte des Magazins und die Brut in der oberen Hälfte befinden. Die Idee ist, dass geschlechtsreif werdende weibliche Milben oben bei den schlüpfenden Bienen in der königinnenlosen Hälfte keine offene Brut finden. Diese ist nur unten bei der Königin vorhanden und lockt die Milben an. Zwischen den beiden Hälften (weiselrichtig unten und weisellos oben) befindet sich ein feines, für die Bienen undurchlässiges Gitter, das als Sieb für Varroa-Milben wirkt. Das Ziel ist, die Milben dort zu stoppen und absterben zu lassen. Im Jahr 2017 wurde dieses Brett an zehn Dadant-Bienenvölkern in einem Versuch am Bienenstand von Mellifera e. V. in Deutschland getestet. Es erwies sich als nur zu sechzig Prozent effizient, das heißt, weit weniger wirksam als konventionellere Varianten des Drohnenschnitts.[193] Ein weiterer Versuch im Jahr 2019 zeigte eine ähnlich geringe Effizienz.[194] Eine mögliche Erklärung ist, dass Milben zwar vom Geruch der offenen Brut, die kurz vor dem Verdeckeln steht, angezogen werden, dies aber nur über eine Entfernung von wenigen Millimetern funktioniert, also wenn sich Milben auf Ammenbienen befinden. Das wäre eine Erklärung, dass die Milben in der Falle durch einen natürlichen Milbentotenfall dort gelandet sind. Ein weiterer Faktor war, dass zwanzig Prozent der weisellosen Hälften buckelbrütig wurden.

Wärmebehandlung

Die Hyperthermie oder Thermotherapie zur Varroa-Behandlung geht bis fast in die Zeit vor der Ausbreitung der Milbe in Westeuropa oder den USA zurück.[195] Sie hat auch heute noch ihre Befürworter und sogar eine eigene Vereinigung.[196] Es wurde festgestellt, dass das Erhitzen der Brutwaben auf etwas mehr als vierzig Grad Celsius die Milben abtötet, nicht aber die Brut beziehungsweise nur einen kleinen Teil davon.

Eine Methode ist eine «thermosolare», mehrstöckige Beute, bei der die Sonne über Glasscheiben im oberen Teil und auf einer Seite des Magazins Hitze erzeugt. Eine Überhitzung (das heißt Temperaturen über 47 Grad Celsius) wird durch Abdecken der Scheiben mit einem Deckel oben oder mit Rollläden auf der Seite verhindert. Die Bienen können freikommen und gehen, sodass sie bei zu großer Hitze einen Bart vor dem Eingang bilden können. Die Effizienz der Varroa-Vernichtung lag bei über 99,5 Prozent.[197]

Eine wesentlich teurere und ressourcenintensivere Art der Wärmebehandlung besteht darin, Brutwaben in einen Brutkasten zu stellen beziehungsweise Brutwaben direkt zu erwärmen. Verschiedene Geräte wurden vermarktet, darunter Varroa Controller, Varroa Kill II, Bienensauna, miteZapper, Borgstadter-Thermo-Box, Apitherm Box, Thermovar und Vatorex.[198] Man muss befürchten, dass die Brut durch diese Behandlung in irgendeiner Form geschädigt wird – wie geringfügig auch immer –, zumal die Bruttemperatur von den Bienen extrem streng reguliert wird. Und es gibt tatsächlich Hinweise darauf, dass die Drohnenfruchtbarkeit bei zu hohen Temperaturen beeinträchtigt wird.[199]

2017 berichtete Stefan Berg vom Institut für Bienenkunde und Imkerei der Bayerischen Landesanstalt für Weinbau und Gartenbau in Veitshöchheim über Untersuchungen, die zwischen 2013 und 2016 zu Brut-Hyperthermie durchgeführt wurden. Ebenfalls getestet wurden dabei drei Hyperthermie-Geräte, darunter der Varroa Controller. Selbst bei 41 Grad Celsius stellte man fest, dass die Spermienzahl der schlüpfenden Drohnen reduziert war.[200] Dasselbe Institut untersuchte die Auswirkungen der Hyperthermie auf die Lebensdauer und die Saccharose-Reaktion (ein Indikator für den allgemeinen Gesundheitszustand) der Arbeiterinnen. Das Forschungsteam stellte fest, dass, obwohl bei Hyperthermie die Saccharose-Reaktion reduziert war, die Lebensdauer länger ausfiel.[201]

Varroa Controller
(Foto: varroa-controller.com)

Weisellosigkeit ist die häufigste Ursache für Völkerverluste bei mir wie auch bei anderen behandlungsfrei Imkernden, mit denen ich im Austausch stehe. Daher habe ich Bedenken gegenüber einer Methode der Varroa-Behandlung, die die Drohnenfruchtbarkeit verringert. Man hat festgestellt, dass Drohnenbrut leicht kühler ist als Arbeiterinnenbrut, möglicherweise aus gutem Grund.[202]

Kleinzellige Waben

Erickson et al. äußerten 1990 die Vermutung, dass die gebräuchlichen Mittelwände Bienen auf unnatürliche Weise vergrößert haben, was sich nachteilig auf ihre Gesundheit auswirkt.[203] Seit dieser Publikation wendet eine Minderheit von Imkernden, insbesondere in den USA, verschiedene Methoden an, um die Größe der Wabenzellen in ihren Völkern zu verringern.

Die ursprünglich genannten Vorteile kleiner Zellen sind:

- mehr Brut pro Wabenfläche,
- kürzere Entwicklungszeiten bis zum Schlupf,
- schnellerer Aufbau im Frühjahr,
- geringere Anfälligkeit der Völker für Krankheiten,
- eine geringere Anfälligkeit für Parasiten – zum Beispiel könnten kleinere Luftröhrenöffnungen kleinerer Bienen eine Resistenz gegen Tracheenmilben bewirken,
- geringere Anfälligkeit gegenüber Pestiziden,
- weniger Wintersterblichkeit und andere stressbedingte Verluste,
- frühere Drohnenproduktion und damit Paarung.

Der letzte Punkt würde den Völkern möglicherweise mehr Zeit geben, um sich für den Winter zu stärken.

Unter den oben genannten Punkten ist für uns primär die geringere Anfälligkeit für Parasiten, insbesondere für die Varroa, von Interesse. Erickson et al. (1990) schrieben:

> « Die Erkenntnis zur Bedeutung der Zellgröße könnte auch ein neuer Ansatz zur Bekämpfung der Varroa-Milbe liefern. Kürzlich berichteten Message und Goncalves [1985], dass in Brasilien die Zellgrößen bei afrikanisierten und einheimischen (europäischen) Honigbienen im Durchschnitt 4,5 bis 4,8 beziehungsweise 5,0 bis 5,1 Millimeter pro Zelle betrugen. Sie berichteten weiter, dass die Varroa-Befallsraten 4,8 beziehungsweise 11,5 Prozent betrugen. Camazine [1988] berechnete für afrikanisierte und einheimische Honigbienen Sub-

stitutionsraten der weiblichen Varroa von 1,2 beziehungsweise 1,8 mit Drohnen und 0,8 beziehungsweise 1,5 ohne Drohnen. (Eine Substitutionsrate weiblicher Varroa von weniger als 1,0 zeigt an, dass die Milbenpopulation abnimmt, während eine Rate von 1,0 auf ein Nullwachstum der Population hindeutet.) Daher denken wir, dass es möglich sein könnte, Varroa-Populationen in heimischen Bienenvölkern zu dezimieren, indem Linien kleiner Bienen mit kürzeren Entwicklungszeiten verwendet werden, die in kleineren Zellen aufgezogen werden. » [übersetzt]

Die Befürworterinnen und Befürworter dieses Ansatzes argumentieren, dass zu Beginn des 20. Jahrhunderts beim Festlegen der Zellgröße für Mittelwände ein «fataler Fehler» passierte:

> « Bei der Anpassung der alten US-Norm von 856 und des europäischen Standards von 800 Zellengrößen [sic] auf den Quadratdezimeter haben viele Imkernde Mittelwandvorlagen verwendet, die auf einen Quadratdezimeter mit quadratischen Maßen statt auf einen Quadratdezimeter mit Rhombusmaßen ausgerichtet waren. Dieser Fehler erweist sich, gelinde gesagt, als fatal. »[204] [übersetzt]

Der Fehler wurde im folgenden Jahr grafisch erklärt, indem gezeigt wurde, dass die Anzahl Zellen auf einer Raute von einem Dezimeter Seitenlänge (und nicht auf einem Quadrat) basieren sollte, wobei die Neigung der Seiten der Raute natürlich dem 60-Grad-Winkel der Wabenzellenform entspricht (im Gegensatz zum Quadrat, bei dem zwei der Seiten parallel zu den vertikalen Zellwänden verlaufen).[205]

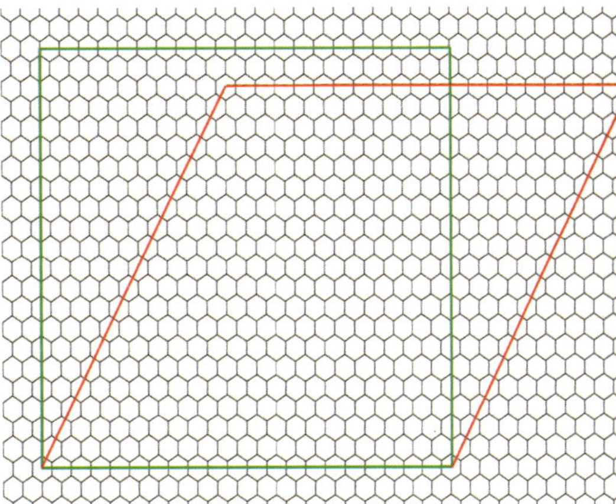

Zwei Möglichkeiten, die Zellgröße zu messen. Beide Formen, Rhombus und Quadrat, haben die gleiche Seitenlänge. Zur Anschauung der unterschiedlich großen Flächen stelle man sich nun vor, dass das Stück des Rhombus, das außerhalb des grünen Quadrates liegt, abgeschnitten und auf die Fläche zwischen Rhombus und linker Seite des Quadrats gelegt wird. Das Stück füllt diese Lücke, und es wird deutlich, dass die so zusammengesetzte Fläche des Rhombus kleiner ist als die Fläche des Quadrats.

17 Jahre später jedoch wurde darauf hingewiesen, dass der Fehler nicht zu Beginn des 20. Jahrhunderts von Imkernden gemacht worden war, sondern dass man am Ende dieses Jahrhunderts davon ausging, dass die Flächen eines Quadrats und eines Rhombus, beide mit einem Dezimeter Seitenlänge, gleich groß seien,[206] wie in der Abbildung auf Seite 81 dargestellt. (Zu diesem Zeitpunkt hatten viele behandlungsfrei Imkernde die Idee der kleinzelligen Waben in die Praxis umgesetzt, und Hersteller boten auch entsprechende Mittelwände an.)

Der Irrtum hatte zur Folge, dass einer tatsächlichen Zelldichte von 830 Zellen pro Dezimeter im Quadrat, welche eine zwischen den Wandmitten gemessene Zellbreite von 5,3 Millimeter aufweisen, fälschlicherweise eine Zellbreite von 4,9 Millimeter zugeordnet wurde. Dabei wurde vollständig ignoriert, dass Forschende im 17. bis 19. Jahrhundert – also in der Zeit vor der Einführung von Mittelwänden – feststellten, dass (im Schnitt all ihrer Daten) die durchschnittliche Zellgröße der Naturwabe 5,3 Millimeter beträgt.[207] Das soll nicht heißen, dass Naturwaben keine Zellen haben können, die kleiner als 5,3 Millimeter sind. Meine eigenen Messungen von Wildvölkern und aus Warré-Beuten mit Naturbau (das heißt ohne Mittelwände) liegen zwischen 4,7 und 5,6 Millimeter. (Meine Datengrundlage sind im Moment fünfzig vollständig ausgemessene Waben mit Arbeiterinnenbrut.) Dies entspricht einem Gesamtmittelwert von 5,3 Millimetern, was identisch ist mit dem Wert vor Einführung von Mittelwänden in der Imkerei.

Die Annahme, dass Imkernde die Größe der Arbeiterinnenzellen erhöht hatten, führte dazu, dass viele behandlungsfrei Imkernde ihre Bienen «zurückentwickeln» wollten, indem sie ihnen Mittelwände mit Zellgrößen von zunächst 5,1 Millimeter und dann 4,9 Millimeter gaben. Häufig nahm man an, dass die Bienen den Sprung von 5,3/5,4 Millimeter auf 4,9 Millimeter nicht auf einmal schaffen können.

Auch wenn die Verwendung von Waben mit kleinen Zellen auf falschen Annahmen basiert, schließt dies nicht aus, dass sie den Bienen bei der Bekämpfung der Varroa helfen könnten. In der Tat hat diese Methode immer noch eine große Anhängerschaft und es wurden viele wissenschaftliche Studien durchgeführt, um sie zu untersuchen. Ich habe die Publikationen dazu überprüft und aktualisiere meinen Bericht von Zeit zu Zeit, wenn neue Forschungsarbeiten erscheinen.[208] Von den 17 in dieser Übersicht diskutierten Arbeiten deuten sechs darauf hin, dass das Konzept der kleinen Zellen in gewissem Maße funktioniert, elf dagegen nicht.

Eine häufige Kritik an den Forschungsprojekten zur Zellgröße, die zu negativen Ergebnissen kamen, war, dass man die Experimente zu kurz angelegt hatte (was wiederum vielleicht limitierter Finanzierung der Forschungsprojekte geschuldet war). Ein längerfristiges Experiment wurde zwischen 2002 und 2008 von Harald Singer in Österreich an 1287 *Apis-mellifera-carnica*-Völkern durchgeführt. Seine Bienen (der Carnica-Linie «Harald Singer») waren vor dem Experiment während vierzig Jahren an 5,5 Millimeter Mittelwände gewöhnt worden. Es bedurfte mehrerer Züchtungsschritte, um Linien für die Versuche auszuwählen, die in der Lage waren, 4,9 Millimeter Mittelwände auszubauen. In der Studie verglich er Linien mit 5,5 Millimeter Mittelwänden mit solchen auf 4,9 Millimeter. Als Teil seines Versuchs maß er das varroasensitive Hygieneverhalten (Varroa Sensitive Hygiene, VSH). Er kommt zum Schluss, dass die Zellgröße per se unter seinen Versuchsbedingungen keinen Einfluss auf das Wachstum der Varroa-Population hat, aber dass Bienenvölker auf Waben mit kleinen Zellen den Winter mit größerer Wahrscheinlichkeit überleben (40 Prozent Verluste) als solche auf Waben mit großen Zellen (53 Prozent Verluste). Weiter konnte er beobachten, dass bei Linien *mit* dem VSH-Merkmal der kleinzellige Wabenbau außerdem das Wachstum der Varroa-Population verringerte. Mit anderen Worten: Beide Merkmale, VSH und die Fähigkeit, kleinzellige Waben auszubauen, müssen zusammen vorhanden sein, damit die Bienenhaltung mit kleinzelligen Waben eine positive Wirkung zeigt.

Es scheint plausibel, dass behandlungsfrei Imkernde, die langfristig erfolgreich kleinzellige Waben verwenden, entweder absichtlich oder unabsichtlich auf VSH oder ein anderes Varroaresistenz-Merkmal selektionierten oder dass diese Merkmale bei ihren Bienen vorhanden waren, als sie mit der behandlungsfreien Bienenhaltung begannen. Dies gilt zum Beispiel für Bienen, die aus Beständen der russischen Primorski-Region in die USA importiert wurden, oder für Bienen, die bereits zu einem gewissen Grad afrikanisiert sind, wie dies bei Bienen in den südlicheren Bundesstaaten der USA der Fall ist.

Pseudoskorpione

Der Bücherskorpion *Chelifer cancroides* soll früher in Bienenstöcken verbreitet gewesen sein.[209] Man findet ihn noch immer in Ecken und Ritzen trockener, staubiger Orte wie Heuböden. Es ist unwahrscheinlich, dass er in modernen Holzbeuten gedeiht, wenn ihm kein geeigneter Lebensraum zur Verfügung gestellt wird, in dem er sich vermehren kann. Wenn Bücherskorpione mit Varroa konfrontiert werden, machen sie kurzen Prozess mit den Milben[210]. Es wurde durch PCR-Analysen bestätigt, dass *Chelifer cancroides* Varroa frisst, wenn er in Bienenstöcken zugesetzt wird.[211] Bei Versuchen in Neuseeland wurde jedoch festgestellt, dass das Zusetzen von bis zu 200 Bücherskorpionen pro Bienenstock nach 13 Wochen keine Auswirkungen auf die Varroa-Population zeigte. Die Zahl der Bücherskorpione pro Bienenstock ging auf 88 zurück.[212] Wenn diese Behandlung jemals wirksam werden soll, ist eindeutig weitere Forschung erforderlich.

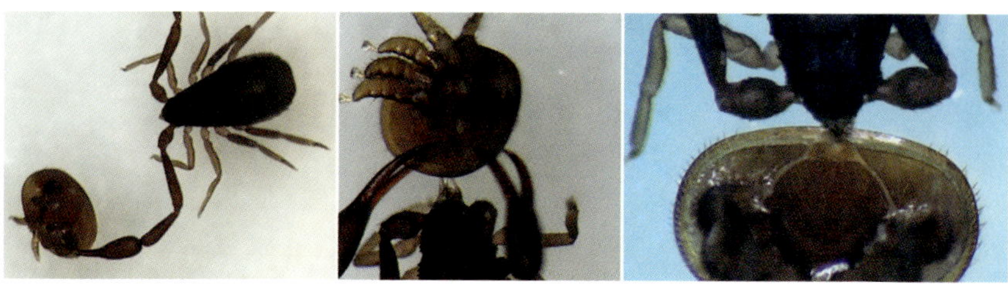

Pseudoskorpion *(Chelifer cancroides)* fängt eine Varroa-Milbe. (Foto: Roland Sachs, chelifer.de)

Füttern

Das künstliche Füttern von Bienenvölkern ist unbestreitbar eine Behandlungsmethode. Fast alle Imkernde, mich eingeschlossen, müssen Jahr für Jahr ihre Bienenvölker füttern, zumindest in Notfällen. Leider wird durch das künstliche Auffüttern von Bienen – mindestens teilweise – die natürliche Selektion umgangen. Diese würde auf die Entwicklung sparsamer, widerstandsfähiger und an den Futterzyklus der Region angepasster Völker hinwirken. Für viele Imkerinnen und Imker wäre der Verzicht auf künstliches Füttern jedoch mit einem hohen Preis verbunden: Zumindest in den ersten Jahren würden viele Völker über den Winter verhungern. Man kann sich jedoch zu Recht fragen: Warum sollte man beim Füttern eine Ausnahme machen, wenn man unbedingt auf Behandlungen verzichten will? Schließlich würden beide Maßnahmen interne und/oder externe Defizite der Bienen ausgleichen, und der Verzicht auf beide Maßnahmen kann zum Völkerverlust führen. Eine einfache, wenn auch unvollkommene Antwort ist, dass es für die Bienenvölker zu viel verlangt ist, sowohl mit der Varroa als auch ohne Notfütterung auszukommen. Außerdem ist der Schaden, der durch die Verwendung von Chemikalien im Bienenstock entsteht, viel größer als derjenige, der durch künstliches Futter verursacht wird.

Ideales Futter stammt natürlich aus Blüten, das heißt Honig oder Nektar und Pollen. In der Praxis erfolgt künstliches Füttern jedoch meist in Form von Zucker oder Zucker-Alternativen sowie von Pollen-Ersatzstoffen. Die Bienen sammeln auch Zucker aus extra-floralen Quellen, das offensichtliche Beispiel dafür ist Honigtau, also die Ausscheidung der Blattläuse. In einigen Regionen trägt Honigtau wesentlich zur Honigproduktion bei. Es gibt auch extra-florale Nektarien, zum Beispiel auf Lorbeerblättern. Ich habe schon Lorbeerbüsche gesehen, in denen es von Honigbienen wimmelte. Weiter sammeln sie auch Zucker von Früchten, zum Beispiel von sehr reifen Weintrauben, wenn die Schale zuvor zum Beispiel von Wespen angestochen wurde. Wir können also sagen, dass es für Bienen ganz natürlich ist, ihren Zucker auch aus extra-floralen Quellen zu sammeln, selbst wenn man von den Zuckerstoffen absieht, die durch den Menschen zugänglich werden.

Betrachten wir zunächst den Aspekt der Kohlenhydrate. Neben den wichtigsten Zucker-Makronährstoffen (vor allem Saccharose, aber auch Glukose und Fruktose, die je nach Pflanzenart, Makro- und Mikroklima, Tageszeit und Exposition in unterschiedlichen Anteilen im Nektar enthalten sind) gibt es viele Mikronährstoffe, Phytochemikalien und Mineralstoffe, die für die Völker-Gesundheit wichtig sein können. Diese finden sich auch im Honig wieder, zusammen mit Substanzen, die aus den propolisierten Waben stammen, sowie mit Zusatzstoffen, die von den Sammel-, Empfänger- und Einlagerungsbienen in den Honig gegeben werden.

Ein zusammenfassender Vergleich der Eigenschaften/Inhaltsstoffe von Honig und Zucker findet sich in der folgenden Tabelle:

Eigenschaften/Inhaltsstoffe	Honig	Zucker
Kohlenhydrate	✓	✓
saurer PH – gepuffert	✓	×
Probiotische Bakterien, zum Beispiel Lactobacillus[213]	✓	×
Bakterien, die das Wachstum von AFB und EFB hemmen[214]	✓	×
Glucoseoxidase > Wasserstoffperoxid (antimikrobiell)[215]	✓	×
Phytochemikalien: Polyphenole und Flavonoide mit antimikrobieller Wirkung[216]	✓	×
Vielfalt der antimikrobiellen Aktivität eingelagerter Honige[217]	✓	×
Makroelemente (Na, K, Ca, Mg, P, S, Cl)	✓	×*
Spurenelemente (47 nachgewiesen)[218]	✓	×*
Nicht-Protein-Aminosäuren – phagostimulierend im Nektar[219]	✓	×
Enzyme, zum Beispiel Invertase, Proteasen[220]	✓	×
Vitamine, zum Beispiel Vitamin C und sechs B-Vitamine[221]	✓	×
Hochregulieren von Entgiftungsgenen[222]	✓	×

* Das Wasser, das zur Herstellung von Zuckersirup verwendet wird, enthält Mineralstoffe.

Die meisten der oben genannten Eigenschaften und Inhaltsstoffe von Honig sind selbstverständlich gesundheitsfördernd für Bienen, aber die Eigenschaft «Vielfalt der antimikrobiellen Aktivität eingelagerter Honige» verdient eine nähere Erläuterung:

> «Da die Arbeiterbienen nicht nur sich selbst, sondern auch Larven und andere Mitglieder des Volkes ernähren, ist Honig ein erstklassiges Beispiel für die Selbstmedikation von Honigbienen, um Infektionen zu verhindern oder zu verringern. […] Die Spezifität mono-floraler Honige und das stark antimikrobielle Potenzial des multi-floralen Honigs lassen vermuten, dass die Honig-Vielfalt in den Vorräten eines Volkes durch ihre vielseitige Verwendbarkeit die «soziale Immunität» stärkt, bedenkt man die große Vielfalt an Krankheitserregern, die in der Natur auftreten.» [übersetzt]

Für eine ausführlichere Betrachtung von Honig als funktionelles Lebensmittel wird auf den Artikel von Berenbaum und Calla (2021) in *Annual Reviews of Entomology* verwiesen.[223] Angesichts der vielen vorteilhaften Eigenschaften von Honig ist es verwunderlich, dass Zucker überhaupt an Bienen verfüttert wird. Dies geschieht aber, und zwar in großen Mengen und offenbar ohne verheerende gesundheitliche Konsequenzen. Zucker kann jedoch auch subtilere Folgen haben, wie weiter unten erörtert wird.

Honig kann unverdünnt in einem Futtergeschirr angeboten werden, zum Beispiel in einem auf den Kopf gestellten Lebensmittelbehälter, dessen luftdichter Deckel mit kleinen Löchern in der Mitte versehen wurde. Häufiger wird Honig zur schnellen Aufnahme mit Wasser verdünnt gefüttert, wobei nur eine kleine Menge angeboten wird, das heißt so viel, wie in weniger als 24 Stunden vom Volk aufgenommen werden kann, da die Mischung sonst zu gären beginnt. Der Honig kann natürlich auch direkt auf Waben gefüttert werden, entweder durch Zusetzen von Futterwaben oder mit einem geeigneten Spender, der dem Bienenvolk zugänglich gemacht wird. Beide sollten aber so weit wie möglich vom Flugloch entfernt sein, um Räuberei vorzubeugen. Manchmal ist es ratsam, die verdeckelten Honigwaben aufzuritzen, um die Bienen zur Futteraufnahme zu animieren.

Nun schauen wir verschiedene Bienenfutter-Zuckerrezepturen an. Zur Auswahl stehen vor allem Zuckersirupe, die entweder durch chemische Modifizierung aus Maisstärke gewonnen werden (insbesondere Maissirup mit hohem Fruktose-Gehalt, HFCS), oder Zucker, der direkt durch Extraktion aus Pflanzen wie Zuckerrohr und Zuckerrüben gewonnen wird. HFCS wird vorwiegend in der kommerziellen Großimkerei verwendet. Rezepturen, die eine Mischung aus Saccharose und HFCS enthalten, sind im normalen Imkereifachhandel erhältlich. In einigen Studien schnitt HFCS im Vergleich mit Zucker schlechter ab bezüglich Volksentwicklung. Zudem kann es zu einer unakzeptabel hohen Konzentration von 5-Hydroxymethylfurfural (HMF) kommen, wenn HFCS in Metalltanks in der prallen Sonne gelagert wird.[224] (HMF ist ein Abbauprodukt von Fruktose, das für die Bienengesundheit schädlich ist.) Forscher des Entomologischen Instituts der UC Davis fanden jedoch keine negative Auswirkung auf die Gesundheit bei einer HFCS-Mischung verglichen mit einer Zuckerlösung als Futter.[225] Die Fütterung mit der Mischung «Prosweet» von Mann Lake (77 Prozent Feststoffe: eine Hälfte HFCS und eine Hälfte Saccharose-Lösung), die in den USA im normalen Imkereifachhandel erhältlich ist, ergab sogar ein schnelleres Wachstum und eine gesündere Erscheinung der Völker.

Kleinere Imkereien bevorzugen tendenziell Saccharose (Zucker) als Kohlenhydrat-Bienenfutter. Teils vermutlich auch, weil Zucker in jedem Supermarkt leicht und billig erhältlich ist. Er kann als reiner Sirup gefüttert oder zu Futterteig oder «Candy» (siehe nächster Absatz) verarbeitet werden. Einige Imkerinnen und Imker glauben, dass die Bienen den Zucker besser aufnehmen können, wenn sie ihn invertieren. Mit anderen Worten wandeln sie ihn durch die Zugabe von Säure (zum Beispiel Zitronensaft) und mit einer Wärmebehandlung in seine Bestandteile Fruktose und Glukose um. Von dieser Praktik ist abzuraten, da sich ein Teil der freigesetzten Fruktose beim Erhitzen in HMF umwandeln kann. Sicherer ist die enzymatische Inversion mit Invertase. Da die Bienen jedoch über Invertase verfügen und einige Nektare fast vollständig aus Saccharose bestehen, ist es vermutlich völlig unnötig, diesen ersten Schritt des Saccharose-Stoffwechsels künstlich vorwegzunehmen. Auf dem Markt gibt es mehrere Invertzuckersirupe und Futterteige. Im Vereinigten Königreich ist der bekannteste wohl Ambrosia®, hergestellt von Nordzucker. Stephen Jones hat einen amüsanten Artikel über diese Bienenfutter-Rezeptur geschrieben.[226]

Wir kommen nun zum einfachsten Bienenfutter, dem raffinierten Zucker. Hier gibt es zwei Hauptoptionen. Die Leserschaft dieses Buches wird vermutlich nur in Notfällen füttern wollen, zum Beispiel nachdem sie im Herbst das Gewicht der Wintervorräte ermittelt und für unzureichend befunden hat, oder im Sommer während einer großen Trachtlücke. In diesen Fällen kann Zuckersirup leicht aufgenommen werden, wenn er im Verhältnis von einem Kilogramm Zucker auf 0,625 Liter Wasser gemischt wird. Für Völker, die während des Winters gefährlich wenig Futter haben, kann ein spezieller Futterteig (sogenanntes Candy) hergestellt werden. Dafür wird Zuckersirup auf eine Temperatur von 117 Grad Celsius erhitzt (auf einem Zuckerthermometer bis Stufe «Soft Ball»), dann in eine Form gegeben, wo die Masse abkühlt und fest wird. Es gibt auch Futterteig aus Zucker und Glukosesirup, der weicher ist und im Imkereifachhandel oder in Konditoreien (hier wird die Masse für Glasur verwendet) gekauft werden kann. Obwohl Futterteig als halbfestes Futter geliefert wird, kann er durch die von den Bienen aufsteigende Wärme zu fließen beginnen und muss daher so angeboten werden, dass der Teig nicht ins Volk tropft.

Nachdem wir festgestellt haben, dass die wichtigsten Futtermittel aus verschiedenen Formen von HFCS und Zucker bestehen, untersuchen wir, ob Füttern mit diesen Substanzen für die Bienen nachteilig oder gar schädlich ist. Mithilfe der Extraktion und Sequenzierung von Boten-RNS wurde festgestellt, dass Honig, (nicht aber Saccharose oder HFCS) Gene hochreguliert. Diese stehen mit dem Proteinstoffwechsel und der Oxidationsreduktion in Verbindung. Demzufolge hat Honig eine andere Wirkung auf physiologische Aspekte, die auch einen Einfluss auf die Gesundheit haben. Die Unterschiede zwischen Füttern mit HFCS und Saccharose waren weniger ausgeprägt.[227] Ebenfalls unter Verwendung molekularbiologischer Methoden berichtete ein Forscher in einer Diplomarbeit, dass HFCS, nicht aber Saccharose-Sirup, Enzyme des Kohlenhydratstoffwechsels der Bienen herunterreguliert.[228] Eine histologische Untersuchung des Bienendarms zeigte, dass Füttern von Zuckersirup im Vergleich zu Honig zu keinen nachteiligen Veränderungen der Struktur führte.[229] In einem Langzeitexperiment von 2015 bis 2017 mit verschiedenen Futtertypen war die *Nosema-ceranae*-Sporenbelastung bei Bienen, die mit Zuckersirup gefüttert wurden, höher. Diese Bienen schnitten im Vergleich zu denen, die mit Honig gefüttert wurden, insgesamt schlechter ab bezüglich Fitness und Nosematose.[230] Füttern von saccharosereicher Nahrung veränderte die Zusammensetzung des Bienenmikrobioms erheblich. Acetogene Bakterien aus den Familien Rhizobiaceae und Acetobacteraceae nahmen um das Zwei- bis Fünffache zu, wenn die Bienen mit Saccharose gefüttert wurden. Das deutet darauf hin, dass Saccharose die Vermehrung spezifischer primärer Saccharosefresser (die an sich nicht zahlreich sind und Zucker in Monosaccharide und dann in Acetat umwandeln) fördert.[231] Es wurde festgestellt, dass HFCS, nicht aber Honig oder Zuckersirup, die relative Häufigkeit von Bakterientypen im Enddarm der Bienen beeinflusst. Wahrscheinlich ist das darauf zurückzuführen, dass HFCS einige Polysaccharide und Proteine enthält, die schwer verdaulich sind und daher dickeren Kot erzeugen (der im Enddarm verbleibt). Die Autorenschaft schließt daraus, dass Saccharose ein relativ sicheres Winterfutter ist.[232] Die Überlebenszeit von verschieden gefütterten Bienen wurde (bei 20 Grad Celsius) getestet. In dieser Studie wurde kein signifikanter Unterschied zwischen Füttern mit Honig beziehungsweise mit Saccharose festgestellt.[233] In einem anderen Überlebensexperiment erhielten die Bienen eine zwanzigprozentige Saccharose-Lösung oder eine identische Lösung, die mit Phytochemikalien (hauptsächlich phenolischen Verbindungen) in unterschiedlichen Dosierungen angereichert war. In mehreren Fällen wurde die Überlebenszeit durch die Zusätze von 25 bis 30 Tagen auf über sechzig Tage verlängert. Die Phytochemikalien verlängerten auch die Überlebenszeit von Bienen, die gleichzeitig mit einer *Nosema-ceranae*-Infektion konfrontiert waren. Sie verringerten auch die Sporenbelastung zum Todeszeitpunkt etwas. Das Forscherteam dieser Studie warnt davor, dass Zuckerfutter-Ergänzung nicht gleichzusetzen ist mit Honig und dass angesichts der immer kleiner werdenden natürlichen Lebensräume eine Futterergänzung mit Phytochemikalien notwendig werden könnte.[234] In einer anderen Studie wurde jedoch festgestellt, dass die Darmmikrobiota und Parasiten durch die Art des Winterfutters (Frühlingsblütenhonig und Saccharose-Sirup) weitgehend unbeeinflusst blieben.[235]

Obwohl die oben diskutierte Auswahl von Studien, in denen Honig und Zuckersirupe als Futtermittel verglichen wurden, nicht auf eine schwerwiegende Schädlichkeit der künstlichen Futtermittel hinweist (und die in einigen Fällen sogar Widersprüche beinhaltet), legen die Studien insgesamt nahe, dass es in den meisten Fällen ratsam ist, vorsichtig zu sein und Futtermittel auf ein absolutes Minimum zu beschränken. Es wird auch argumentiert, dass bei bestimmten Honigsorten Zucker besser geeignet sei. Ein Beispiel dafür ist Heidehonig mit seinem höheren Gehalt an unverdaulichen Stoffen. Für Bienen, die an die Futtersuche auf Heidekraut angepasst sind, ist dies jedoch kein Problem.[236] Ein anderes Beispiel ist der Honigtau-Honig mit seinem höheren Mineralstoffgehalt und der hohen Konzentration des Trisaccharids Melizitose, der von saftsaugenden Insekten wie *Cinara piceae* auf Nadelbäumen (insbesondere Fichten und Tannen) stammt. Er wird hart und ist als Wintervorrat ungeeignet, da die Bienen dann kein Wasser zum Auflösen des Honigs sammeln können. Wenn nicht genügend flüssiger Honig zur Verfügung steht, ist ein Zuckersirup-Zusatz angezeigt. Im Frühjahr kann Melizitose-Honig durch Zugabe von warmem Wasser wieder an die Bienen verfüttert werden. Er wird dann mit Frühlingsnektar vermischt und wird weniger schnell fest.

Wenden wir uns nun dem anderen Teil der Honigbienen-Ernährung zu, der aus natürlichen Pollen und Bienenbrot (einer Mischung aus Pollen und Honig, die durch Milchsäuregärung konserviert wird und nicht mehr schimmelt) besteht. Der Pollen liefert für die Bienen lebenswichtige Nährstoffe: Protein (Gehalt: 6–28 Prozent), Fette (in der Regel < 5 Prozent), Sterole (< 0,5 Prozent), Zuckerarten, Stärken, Vitamine und Mineralstoffe.[237] Ich lebe in einem Gebiet, in dem das ganze Jahr über Pollen zur Verfügung stehen. Im Winter blühen zum Beispiel Stechginster *(Ulex europaeus)*, Ende Winter Schneeglöckchen *(Galanthus)* und Krokus sowie zu den kritischen Zeiten im Frühjahr viele Weiden *(Salix)* beziehungsweise im Herbst Efeu *(Hedera)*. Daher kann ich mir kaum vorstellen, dass es hier Imkernde gibt, die Pollen oder Pollen-Ersatzstoffe verfüttern möchten. Ein Grund könnte sein, dass wir uns in einer für Honigbienen ungeeigneten Region befinden. Ein wahrscheinlicherer Grund könnte eine stimulierende Fütterung im Frühjahr sein, das heißt jemand, der nicht bereit ist, der natürlichen Phänologie ihren Lauf zu lassen, sondern frühes Erweitern des Brutnests fördern will, vielleicht als Vorbereitung für Bestäubungsleistung oder damit die Völker schon groß sind für frühe Trachten (zum Beispiel von Frühlingsraps). Da Imkernde, die eine behandlungsfreie Bienenhaltung anstreben, kaum auf eine stimulierende Fütterung zurückgreifen wollen, werden sie sich sehr wahrscheinlich mit dem Pollenangebot zufriedengeben, das die Sammlerinnen einbringen.

Zurückkehrende Efeu-Pollensammlerinnen im Oktober

Stechginster ist ein Pollenlieferant im Winter.

Ende Winter blühen bereits Schneeglöckchen, sie sind eine wichtige Nahrungsquelle für Bienen.

Beobachtet man nur die Pollenmengen, die in den Bienenstock gebracht werden, oder das eingelagerte Bienenbrot auf den Waben, bekommt man noch keinen Eindruck von der gewaltigen Pollenmenge, die ein Bienenvolk während eines Jahres benötigt: Diese kann bis zu 25 Kilogramm betragen.[238] Noch weniger offensichtlich ist, wie wichtig die Vielfalt von verschiedenen Pollen für eine optimale Bienengesundheit ist. Es ist erwiesen, dass sie die Immunkompetenz der Honigbienen steigert.[239] Die Qualität der Pollen ist sehr unterschiedlich, insbesondere was den Proteingehalt und die Aminosäurezusammensetzung dieses Hauptnährstoffs betrifft. Sie unterscheiden sich auch in ihrer Fähigkeit, natürliche Antagonisten von Bakterien/Pilzen und antibiotische Substanzen,[240] wie bestimmte Fettsäuren, zu liefern.[241] Eine schlechte Pollenvielfalt vermindert die antimikrobiellen Abwehrkräfte eines Bienenvolkes und macht es somit anfälliger für Krankheiten. Die Vielfalt an Pollen ermöglicht es, Nachteile einzelner Pollensorten auszugleichen, zum Beispiel einen zu geringen Protein- oder Fettgehalt oder einen zu hohen Mineralstoffgehalt.[242] Es ist effektiv so, dass Honigbienen ganz verschiedene Pollen sammeln, sodass diese sich ausgleichen und diversifizieren.[243]

Zum Abschluss soll noch das wachsende Geschäft der Nahrungsergänzungsmittel für Bienen betrachtet werden. Die Möglichkeiten sind hier fast grenzenlos. Im Online-Imkereifachhandel findet man zum Beispiel: Olivenfruchtextrakt mit starken antioxidativen, antibakteriellen und antimikrobiellen Eigenschaften; stimulierende Nahrungsergänzung mit Aminosäuren und Vitaminen; ätherische Öle und Pflanzenpolyphenole; purifizierte Proteine; bioaktive Algenextrakte und Zitronensäure. Vitamin C kann man als Phago-Stimulans zusetzen, falls die Bienen ihre Nase über die zubereiteten Pollenersatz-Küchlein rümpfen sollten. Vielleicht sind Imkernde, die selbst (im Glauben, dass ihre Ernährung mangelhaft ist) Nahrungsergänzungsmittel einnehmen, eher geneigt, auch ihren Bienen solche Produkte zu verabreichen.

8 Minimierung der Völkerverluste in der behandlungsfreien Bienenhaltung mit besonderem Augenmerk auf die Varroa

Viele völlig behandlungsfrei Imkernde, das heißt solche, die nicht einmal biotechnische Methoden anwenden, haben sich auf diesen riskanten Weg gemacht, ohne zu bedenken, ob sie die richtigen Bienen, die richtige Beute, das richtige Trachtangebot haben oder die Gegebenheiten insgesamt günstig sind. Sie haben einfach aufgehört zu behandeln. Und während viele, darunter auch ich, in den ersten Jahren viele Völker verloren, waren die Verluste bei anderen überraschend gering, insbesondere bei vielen Imkernden in der bereits beschriebenen Erhebung in Gwynedd (siehe Seite 45). Dennoch scheint es sinnvoll, möglichst gute Bedingungen zu schaffen, die die Erfolgswahrscheinlichkeit einer behandlungsfreien Bienenhaltung maximieren. Insbesondere auch dann, wenn man – ohne diese Überlegungen – schon aufgehört hat zu behandeln und es nicht gut funktioniert.

An dieser Stelle möchte ich Jungimkerinnen und Jungimker warnen: Wenn man nur ein oder zwei Bienenvölker hält, könnte man durch die Umstellung auf eine behandlungsfreie Bienenhaltung leicht alle verlieren (wenn nicht im ersten Winter, dann vielleicht im nächsten). Gegen einen solchen potenziellen (und erschütternden) Totalverlust ist man besser abgesichert, wenn man mehrere Bienenvölker hält, vielleicht ein halbes Dutzend oder mehr. Man sollte alle Völker behandeln, bis ein gewisser Bestand aufgebaut ist. Wenn man jedoch einige oder alle der in diesem Kapitel enthaltenen Vorschläge zur Minimierung von Verlusten umgesetzt hat, kann man – selbst wenn man Völker verliert – beruhigt sein im Wissen, das Beste für seine Bienen getan zu haben.

Bienenrasse

Um es den Bienen leicht zu machen, hilft es, Bienen zu halten, die bereits regional an das charakteristische Klima und das lokale Trachtangebot angepasst sind. Manche würden sagen, dass dies die autochthone Honigbiene der Region ist, in meinem Fall hier in Nordwesteuropa die *Apis mellifera mellifera*. Aber um zu Beginn des Projekts «behandlungsfreie Bienenhaltung» reine *Apis mellifera mellifera* zu haben, müsste ich sie aus einer anderen Region, in der rasserein gezüchtet wird, importieren, zum Beispiel aus Regionen in Russland. Abgesehen davon, dass ich damit gegen die ausdrückliche Empfehlung meiner lokalen Imkerverbände verstoßen würde, könnte das Importieren auch dazu führen, dass ich eine Biene halte, die nicht von Anfang an wirklich an die Bedingungen meines Standorts angepasst ist. Auf jeden Fall gäbe es für die zahlreichen *Apis-mellifera*-Imkernden in Amerika, Australien, Neuseeland usw. keine autochthonen *Apis-mellifera*-Rassen. Die erste Variante, die auch schon von zahlreichen behandlungsfrei Imkernden in verschiedenen Regionen erfolgreich ausprobiert worden ist, besteht also darin, lokale *Apis-mellifera*-Bienen zu verwenden, auch wenn sie alles andere als rasserein sind. Ich und viele andere in meiner Nähe taten genau das, ohne katastrophale Langzeitverluste. Meine Winterverluste liegen im Durchschnitt der elf Winter bis 2022 bei 7,1 Prozent.

In Deutschland ist es wahrscheinlich noch schwieriger als im Vereinigten Königreich, rassereine oder weniger durchmischte Bienen zu finden. Ruttner[244] sagt 1988 über Bienenimporte in Deutschland:

> « Das Ende war ein heilloses Rassengemisch, aus dem sich schließlich die Kärntner Biene als eindeutige Siegerin heraushob. Ohne jede Lenkung von oben sind heute in Deutschland fast alle fortschrittlichen Imker zur Carnica übergegangen […]. »

Seit der Aussage von Ruttner hat sich die Selektion von *Apis-mellifera-carnica*-Bienen[245] auf Honigproduktion und andere von Imkernden gewünschte Eigenschaften intensiviert, dies mithilfe moderner Techniken der Zuchtbewertung anhand genetischer Merkmale.

Bienengenetik

Da drei Jahrzehnte Zucht auf Varroa-Resistenz nicht zu einer marktfähigen Biene führten, die ohne irgendeine Form der Varroa-Behandlung auskommt,[246] ist es wohl kaum sinnvoll, eine Biene mit einigen der varroaresistenten Eigenschaften (zum Beispiel varroasensitives Hygieneverhalten), auf die Forscher selektioniert haben, zu kaufen. Es ist jedoch eine Überlegung wert, Bienen mit einer Genetik zu erwerben, die von Bienen abstammt, die im Wesentlichen unbehandelt sind. In zwei bereits beschriebenen kommerziellen Zuchtprojekten (nämlich das von Kefuss in Frankreich auf Seite 54 und das von Webster in den USA auf Seite 65) wurden Bienen mit Genetik, die bereits ein gewisses Maß an behandlungsfreier Varroa-Resistenz aufwiesen, gekauft: Kefuss importierte aus Tunesien und Webster indirekt aus Russland. Zum Zeitpunkt der Abfassung dieses Berichts liefern diese kommerziellen Imker immer noch Königinnen aus Überlebensbeständen. «Überleben» deshalb, weil ihre Völker nicht behandelt werden.

Ein deutsches Zuchtprogramm nimmt Maßnahmen zur Varroa-Resistenz in seine Auswahlkriterien auf. Aber sechzig Prozent der Gewichtung der Kriterien sind zu gleichen Teilen auf Honigertrag, Ruhe, Sanftmut und Schwarmverhalten verteilt, während nur vierzig Prozent auf einen Index entfallen, der den Milbenfall im Frühjahr, den Milbenbefall im Spätsommer und das Hygieneverhalten abbildet.[247] Daraus geht hervor, dass eine Biene gewünscht wird, die in irgendeiner Form eine Varroa-Behandlung benötigen wird. Bezüglich Sanftmut hat eine Studie über die Bienenvolk-Persönlichkeit gezeigt, dass «defensivere Bienenvölker produktiver sind und größer werden und mit größerer Wahrscheinlichkeit den Winter überleben».[248] Dieses Ergebnis, das auch von anderen beobachtet wurde, warnt uns davor, dass sich eine übermäßige Konzentration auf individuelle Merkmale negativ auf die «Volk-Fitness» insgesamt auswirkt. Eine Erhebung unter Schweizer Kleinimkernden ergab jedoch, dass sie – wenn der Profit keine Rolle spielt – Varroa-Resistenz als wichtigste Eigenschaft betrachten, vor Honigertrag, Sanftmut und geringem Schwarmtrieb.[249]

Der bloße Zukauf von Königinnen mit der vermeintlich richtigen Genetik ist keine Erfolgsgarantie, wie das folgende, laufende Experiment deutlich macht: Im Jahr 2018 wurden zehn resistente Bienenvölker mit *Apis-mellifera-mellifera*-Königinnen (Kontrollgruppe) und zehn nicht-resistente Bienenvölker mit resistenten Königinnen (Versuchsgruppe) bestückt. Das Experiment wurde in der Schweiz (Emmental – woher die Bienen stammten) durchgeführt und in Deutschland (für die Bienen fremde Umgebung) wiederholt. Durch dieses Studiendesign mit vier verschiedenen Versuchsanlagen wird sowohl die Bedeutung der Verwendung lokaler Bienen als auch die Genetik der Königinnen getestet (in diesem Fall ihre Resistenz gegen Varroa, da sie aus der Linie langfristig überlebender, behandlungsfreier Bestände stammen). Anfang 2020 waren in Deutschland 19 Bienenvölker nicht mehr am Leben, während in der Schweiz 14 überlebten, davon neun in der Versuchsgruppe und fünf in der Kontrollgruppe. Die Bienenvölker, die relativ klein geblieben waren (20000 Bienen), wurden auf Brutentwicklung, Entdeckeln/Verdeckeln (Uncapping/Recapping) und varroasensitives Hygieneverhalten (VSH) untersucht.[250]

Das oben erwähnte Experiment scheint die These zu stützen, dass die Gesundheit und das Überleben von Bienenvölkern durch lokal angepasste Königinnen gefördert werden.[251] In großen Teilen Afrikas, Südamerikas und in den südlichen Bundesstaaten der USA würde die lokale, wilde Biene die Bienenvölker sicher unterstützen, mit der Varroa fertigzuwerden, da sie bereits sehr varroaresistent ist (unter anderem weil es sich um *Apis mellifera scutellata* oder eine Scutellata-Mischung, auch afrikanisierte Biene genannt, handelt). Dies ginge wohl jedoch auch auf Kosten des imkerlichen Komforts beim Pflegen der Völker.

Tom Seeleys laufender Drei-Königinnen-Versuch, der 2019 begann, ist ein Beispiel dafür, dass sich zugekaufte, kommerzielle Königinnen sehr unterschiedlich verhalten. Während eingefangene, lokale Königinnen aus dem «Wildbestand» des Bundesstaates New York (vermutlich bereits varroaresistent) und russische Königinnen von Kirk Webster in Bezug auf die Milbenzahl auf den Bienen und die Winterüberlebensrate ähnlich gute Resultate erzielten, schnitten kommerzielle, italienische VSH-Königinnen (also mit varroasensitivem Hygieneverhalten) aus Kalifornien schlecht ab. Die Unterschiede bei der Milbenzahl waren statistisch hoch signifikant.[252]

Das Fazit aus den Erkenntnissen oben ist klar: Verwenden Sie nach Möglichkeit Bienen von lokalen Überlebensvölkern und importieren Sie nur Königinnen aus Überlebensvölkern, die seit Langem in einer behandlungsfreien Umgebung leben und nachweislich ihren varroaresistenten Phänotyp behalten, wenn sie umgesiedelt werden. Das genaue Gegenteil wäre der Kauf eines Kunstschwarms (Paketbienen) aus einem entfernten Land (in der Regel aus dem wärmeren Süden), der aus einer Bienenmasse von verschiedenen Völkern geschöpft und mit einer fremden Königin bestückt wurde. Bevor wir die Bienengenetik verlassen, lohnt es sich, einen kurzen Blick auf den Vorschlag für die Entwicklung von varroaresistenten Bienen in einer bestimmten Region von Guichard et al. (2020) zu werfen. Hier werden Versuche, varroaresistente Bienen zu selektieren, in einer äußerst detaillierten Metastudie mit mehr als 400 Referenzen und über drei Jahrzehnte umfassend vorgestellt.[253] Das Forschungsteam schlägt vor, eine unbehandelte Testpopulation zur Identifikation lokaler Resistenzeigenschaften zu bilden. Diese Population soll auch der Selektion auf diese Eigenschaft in verwandten Beständen, die von Imkernden in derselben Region gehalten werden, dienen. Die Population muss ausreichend groß sein, um das Risiko eines genetischen Engpasses zu minimieren. Der genetische Fortschritt kann durch eine verbesserte Bestandsführung optimiert werden, während die Kosten und der Aufwand der Phänotypisierung (Beobachten von Zuchtresultaten) in Zukunft durch die Verwendung genomischer Daten gesenkt werden könnten. Die Autorenschaft schlägt vor, dass Partnerschaften zwischen Imkerei und Forschung gefördert werden sollten, um die Entwicklung neuer Techniken und Strategien in diesem Bereich zu unterstützen.

In einer weiteren umfassenden Metastudie zu natürlicher Selektion, die rund 200 Studien umfasst, kommen van Alphen und Fernhout (2020) zum Schluss, dass die Selektion auf Ebene des Volkes in geschlossenen Vermehrungspopulationen einfacher wäre, solange die genetische Variation gewährleistet ist (nicht wie in Gotland). Ihre Begründung ist, dass die natürliche Selektion nicht durch die Ausbreitung von Resistenzgenen beeinträchtigt würde. Durch panmiktische Populationen könnte die selektive Züchtung das Resistenzniveau bis zu einem Schwellenwert anheben, bei dem eine natürliche Selektion zu erwarten ist.[254] Die Metastudie wurde für Arista Bee Research – ein holländisches Unternehmen, das sich der Bekämpfung der Varroa widmet – durchgeführt.[255]

Ein Schritt in Richtung einer weit verbreiteten kooperativen Zucht wurde von Martin und Grindrod (2020) unternommen, indem sie sich die Bürgerwissenschaft (auch Citizen Science genannt) zunutze machten. Sie nutzten Aufzeichnungen einzelner Imkernder, um die Wiederverdecklungsrate von Arbeiterinnenbrutzellen, die Milbenentfernungsrate und sogar die Milbenreproduktion sowie die darauf basierende Völkervermehrung zu erfassen. Sie empfehlen unter anderem Folgendes:

- Königinnen aus nachweislich varroaresistenten lokalen Populationen zu verwenden,
- Ableger oder Schwärme aus lokalen, natürlich varroaresistenten Populationen einzusetzen,
- Wildschwärme zu testen,
- Bienenvölker mit hohen Wiederverdeckelungsraten (Recapping) zu vermehren,
- Bienenvölker nicht aus dem Gebiet der natürlich varroaresistenten Populationen zu verschieben (da sie leicht eingehen könnten),
- Bienenvölker mit sehr hohem Milbenbefall zu behandeln, insbesondere wenn die Entdeckelungsraten niedrig sind,
- langsam und methodisch umzustellen,
- kleine lokale Gruppen gleichgesinnter Imkerinnen und Imker zu bilden und zusammenzuarbeiten und Wissen und Ausrüstung gemeinsam zu nutzen.[256]

Es wird interessant sein zu beobachten, inwieweit diese Ratschläge in der Zukunft umgesetzt werden.

Ein weiteres Citizen-Science-Projekt ist aus dem Bienenexperten-Netzwerk COLOSS hervorgegangen. Das Ziel der sogenannten Honey Bee Watch Survivors Task Force ist es, wilde, unbehandelte oder (quasi-)wild gehaltene Völker sowohl in Beuten wie auch in der freien Natur ausfindig zu machen, um ihre Verhaltensweisen bezüglich Varroa beziehungsweise ihre Überlebensmechanismen besser zu verstehen.[257]

Beutetyp

Bedenkt man, dass Honigbienen ursprünglich an das Leben in Fels- und Baumhöhlen angepasst waren (beides Räume, in denen sie in der Regel eine hohe thermische Masse, dicke Höhlenwände und damit eine bessere Isolierung vorfanden), ist es erstaunlich, dass sie in Beuten mit dünnen Wänden – oft nicht mehr als zwanzig Millimeter dick – überhaupt so gut überleben. In einer Studie über den Lebensverlauf von 33 Wildvölkern und 35 «Simulations»-Wildvölkern (wild gefangene Schwärme, die in Langstroth-Magazinen auf zehn Rahmen einlogiert wurden) überlebten die Wildvölker im Durchschnitt 6,2 Jahre, während die simulierten Völker nur 5,3 Jahre lebten. Allerdings hauste fast die Hälfte der wilden Bienenvölker in Gebäuden, die ihnen möglicherweise bessere Raumbedingungen boten als Baumhöhlen.[258]

Windgeschädigter Bienenbaum in einem Waldgebiet in Nordwest-Wales, Großbritannien (Foto: Clive Hudson)

Boden der ehemaligen Baumhöhle aus der Abbildung oben mit angesammeltem Gemüll (Foto: Clive Hudson)

Oberer Teil der ehemaligen Baumhöhle aus der Abbildung auf Seite 97 (Foto: Clive Hudson)

Es gibt zwei Hauptaspekte der Bienenbehausungsphysik: Thermologie und Hygrologie (Feuchtigkeit). Nach Mitchell (2016) haben Bienenbeuten, selbst die Warré-Beute mit ihrem «Kissen» (Isolation unter dem Deckel), im Vergleich zu Baumhöhlen eine geringere pauschale Wärmeleitfähigkeit, was sich auch auf die Feuchtigkeit in der Behausung auswirkt. Dies hat zur Folge, dass Bienenbeuten tendenziell die Luftfeuchtigkeit verringern und damit die Vermehrung der Varroa begünstigen, weil sie sich bei niedriger Luftfeuchtigkeit besser vermehren kann.[259] Der hohe Wärmeverlust durch die Wände des Bienenstocks kann besonders bei der Überwinterung kritisch werden. Obwohl die Bienen bekannterweise im Winter nicht versuchen, die Luft in ihrer Behausung zu erwärmen,[260] gibt es dennoch einen gewissen Wärmeverlust über die Wände. Ein Volk, das durch Varroa und die von ihr übertragenen Viren sowie – indirekt, durch Hygieneverhalten – durch Ausräumen befallener Puppen dezimiert wurde, geht als kleinere Traube in den Winter. Ein solches Bienenvolk hat bessere Überlebenschancen, wenn die thermische Leistung der Behausung hilft, den Wärmeverlust gering zu halten.

Daten der Bee Informed Partnership in den USA deuten darauf hin, dass Wärme ein Faktor zur Verringerung der Winterverluste bei Bienenvölkern sein kann, insbesondere bei Völkern, die nicht behandelt wurden. In einer Studie über die Verluste in den vier Wintern von 2013 bis 2017 verloren Kleinimkernde in den südlichen Bundesstaaten etwa dreißig Prozent ihrer Bienenvölker, während es in den nördlichen Bundesstaaten bei chemischer Behandlung etwa vierzig Prozent waren, ohne Behandlung waren es sechzig Prozent.[261]

All dies deutet darauf hin, dass wir Beuten mit einer besseren thermischen Leistung verwenden sollten. Andererseits verwenden ich und die nichtbehandelnde Imkerschaft der Gwynedd-Erhebung – ganz zu schweigen von Hunderten oder Tausenden anderer behandlungsfrei Imkernden weltweit – dünnwandige Magazinbeuten und haben dennoch erträgliche Winterverluste. In Anbetracht dessen scheint es für jemanden, der mit der Varroa-Behandlung aufhören möchte, nicht ratsam, seine gesamten Beuten mit thermisch besseren Varianten zu ersetzen. Aber Imkerinnen und Imker, die gerade erst anfangen oder ihre Bienenbestände vergrößern, sollten vielleicht andere als die üblichen Beuten in Betracht ziehen. Die Frage ist nur, welche? Man bräuchte eine Beute, die einem hohlen Baum möglichst nahekommt, zum Beispiel einen Baumstamm oder einen sogenannten Schiffer-Tree (eine simulierte Baumhöhle, die auch als «Schiffer-Beute» bezeichnet werden könnte). Diese Beute besteht aus einem 1500 Millimeter hohen Holz-Zylinder mit sechzig Millimeter dicken Wänden, einem Innendurchmesser von 230 Millimetern, massiven Holzstücken als Deckel (300 mm dick) und einem Boden (150 mm dick). Das Hohlraumvolumen beträgt 44 Liter.[262] Wie bei einem Baum verläuft die Holzfaserung vertikal. Beide Behausungsvarianten, Baumstamm und Baumstamm-Simulation, sind wahrscheinlich eher für die Auswilderung als für die Bienenhaltung geeignet, vor allem wegen Völkerkontrolle und Honigernte – ganz zu schweigen vom Preis, der für den Schiffer-Tree bei über 600 Euro liegt. Um zu den Ergebnissen der Studie zur pauschalen Wärmeleitfähigkeit von Mitchell (2016) zurückzukehren: Auf seine Baumhöhle-Simulation folgen die Werte für Beuten in dieser Reihenfolge: Bienenkorb, Warré, kenianische Oberträger-Beute und «Cedar National» (diese Beute ähnelt einem Langstroth-Magazin). Die Korb-Imkerei ist vielerorts im Kommen und hat viele Vorteile bezüglich der Bienengesundheit. In einer serbischen Studie, die moderne mit traditioneller Bienenhaltung vergleicht, war die Belastung durch Krankheitserreger bei der traditionellen Bienenhaltung viel geringer (zum Beispiel nur ein Drittel an Flügeldeformations- und anderer Viren, die bekanntermaßen durch die Varroa verbreitet werden).[263] Korbbeuten sind einfach herzustellen, da sie keine Holzbearbeitungswerkzeuge oder -kenntnisse erfordern. Man kann immer noch Bienenkörbe kaufen, obwohl viele Länder von der Korb-Imkerei abraten oder sie gar verbieten, weil die Wabenkontrolle schwierig ist. Der Weißenseifener Hängekorb (auch «Sun Hive» genannt), der einer Strohkorb-Beute ähnelt, umgeht das Inspektionsproblem, indem er gewölbte, mobile Rähmchen hat.[264] Allerdings ist er im Gegensatz zur Korbbeute relativ aufwendig herzustellen. Man bekommt ihn nicht im Handel, aber weltweit gibt es einige Organisationen, die ihn auf Bestellung produzieren.[265]

Warré-Beute mit Wänden aus 38 Millimeter dickem Zedernholz (Foto: Hubert Pilon, rebelbees.ca)

Damit kommen wir zu den Magazin-Beuten mit oder ohne Isolation. Ich lehne Magazine aus geschäumtem Polystyrol (Styropor) ab, weil kein umweltbewusster, behandlungsfrei Imkernder die Umwelt zusätzlich mit Plastik belasten möchte. Die Standard-Warré-Beute hat nur oben eine Isolation, obwohl einige Warré-Imkernde bei ihren Beuten doppelt so dicke Holzwände haben wie das von Warré empfohlene Mindestmaß, zum Beispiel 38 Millimeter dickes Zedernholz.[266] Die von mir berichteten, im Jahresvergleich niedrigen Durchschnittsverluste beziehen sich alle auf die Standard-Warré-Beute mit 25 Millimeter starken Wänden aus Lärchenholz. Ich kenne niemanden, der einen kontrollierten Vergleich zu Beutetypen durchgeführt hat, in denen die unterschiedlichen Vorteile bezüglich Überlebens von Varroatose untersucht wurden. Von den mittlerweile einigen Tausend Imkernden weltweit, die Warré-Beuten verwenden, halten die meisten – wenn nicht alle – ihre Bienen behandlungsfrei. Meistens handelt es sich dabei um Hobbyimkernde, obwohl es auch Ausnahmen gibt.[267] In den Erhebungen über Honigbienen im Pazifischen Nordwesten von 2013 bis 2020 wurden die Winterverluste nach Beutetyp klassifiziert. Die durchschnittlichen Verluste über sieben Winter für Langstroth-Beuten mit zehn Rähmchen, horizontale (kenianische) Oberträger-Beuten und Warré-Beuten lagen bei 43 Prozent, 55 Prozent beziehungsweise 46 Prozent. Der Unterschied zwischen Warré und Langstroth ist wahrscheinlich statistisch nicht signifikant, aber dass die Warré-Beuten mit ihren «Kissen» (Isolation unter dem Deckel) nicht besser abschnitten als die Langstroth, ist etwas überraschend.

Es wäre unpraktisch oder zumindest sehr umständlich, Langstroth- oder «National»-Beuten mit doppelter Wandstärke zu verwenden. Eine «National»-Brutzarge, selbst aus Zedernholz (einem Weichholz mit geringer Dichte), wiegt drei Kilogramm, sodass eine doppelwandige Zarge über sechs Kilogramm wiegen würde. Dicke Wände sind in der Regel auf Beuten mit waagrechter Orientierung (Trogbeuten), wie die von Fedor Lazutin,[268] beschränkt. Es sind also Magazine, bei denen keine Zargen aufgesetzt und wieder abgeräumt werden müssen und die in der Regel stationär sind. Der Imkernde muss so also meist nur Deckel und einzelne Waben heben. Eine weitere Möglichkeit für eine geringere Wärmeleitfähigkeit ist die Isolation von gewöhnlichen Magazinbeuten mit Zargen. In der seit Jahren andauernden Diskussion über die Isolation von Beuten wurde schon viel geschrieben, und hier ist nicht der richtige Ort, um noch mehr dazu zu sagen. Ich habe 18 Abhandlungen zu diesem Thema durchgesehen: Während einige sagen, dass es nicht notwendig (möglicherweise sogar schädlich) ist, Beuten zu isolieren, sagen andere (insbesondere diejenigen, die in kälteren Klimazonen experimentieren), dass eine Isolation den Verbrauch von Wintervorräten und den Verlust von Völkern verringert.[269] Es gibt Imkerinnen und Imker, die ihre Warré-Beuten isolieren, zum Beispiel Bill Anderson in London (mit Schafwolle und einer atmungsaktiven Stoffumhüllung)[270] und John Haverson in Hampshire (mit einer 20 mm dicken Korkplatte).[271]

Es bleibt jedoch offen, ob selbst die beste Umhüllung von Beute-Zargen dazu beitragen kann, dass diese Bienenbehausung an die thermischen und hygrologischen Bedingungen in Baumhöhlen herankommt, an die sich die Bienen im Laufe unzähliger Jahrtausende angepasst haben. Noch weniger ist klar, ob eine solche Isolation den Bienen helfen würde, mit Schädlingen wie der Varroa und Krankheitserregern fertigzuwerden. Forschungen zur Physik, Mikrobiologie und sogar Pharmakologie von Bienenbaumhöhlen sind im Gange,[272] aber es kann noch Jahre dauern, bis wir alles, was wir aus solchen Forschungen lernen, auf unsere Bienenbeuten übertragen können.

Eine mit Kork verkleidete Warré-Beute (Foto: John Haverson)

Bevor wir das Thema des Beutetyps verlassen, möchte ich darauf hinweisen, dass lange Trogbeuten, die in Osteuropa und Russland seit Langem Standard sind, auch im Vereinigten Königreich und in den USA immer beliebter werden. Ich habe bereits kurz die sehr breite und tiefe doppelwandige Beute von Fedor Lazutin erwähnt, die er für das harte Klima in Russland entwickelt hat. Sein Beutenkonzept habe ich so angepasst, dass unter dem Deckel eine Warré-Kissen-Zarge angebracht ist, und halte die Bienen darin seit mehreren Jahren ohne Behandlung.[273] Das Gleiche habe ich mit der Einraumbeute von Mellifera e. V. (Deutschland) gemacht,[274] die mit um 90 Grad gedrehten Dadant-Rahmen bestückt wird. Diese habe ich zusätzlich mit Doppelwänden und einer Schilf-Isolation im Zwischenraum ausgestattet.[275] Da es sich um ein statisches Magazin handelt, beeinträchtigen die äußerst dicken Wände mit ihrer natürlichen Isolation die Handhabung nicht.

Weitere Aspekte der Beute-Optimierung sind im bereits erwähnten Artikel «Darwinian Beekeeping» (darwinistische Bienenhaltung) von Tom Seeley (Seite 32) aufgeführt und sollen hier nur kurz erwähnt werden. Seine Arbeit basiert auf langjähriger Erforschung wilder Bienenvölker und des Verhaltens von Kunstschwärmen auf der Suche nach neuen Behausungen. Ein Großteil dieser Arbeit ist in seinem Buch «The Lives of Bees» (deutsche Ausgabe «Das Leben der Bienen») detailliert dargestellt.[276] Ein möglichst großer Abstand zwischen den Völkern trägt dazu bei, die Ausbreitung von Schädlingen und Krankheitserregern durch Räuberei zu minimieren. Da dies jedoch über eine Entfernung von bis zu 1500 Metern möglich ist,[277] wird es für die meisten Imkerinnen und Imker sehr schwierig sein, so große Abstände zu lassen. Im Jahr 2022 sind meine zwölf Völker auf fünf Bienenstände in einem 2,5 Kilometer breiten Landstreifen verteilt. Wären meine Völker von vielen wilden sowie von bewirtschafteten Bienenvölkern anderer Imkernden umgeben, würden meine Volkabstände nur wenig nützen. So sind sie zwar für mich etwas mühsam, aber wohl ein guter Kompromiss. Die Tatsache, dass es Fridolin Hess gelingt, zwanzig behandlungsfreie Bienenvölker in einem Bienenhaus zu halten, wobei sich die Beuten fast berühren (siehe Seite 62), lässt vermuten, dass ein großer Abstand nicht so wichtig ist. Dennoch scheint es klug, auf Nummer sicher zu gehen und die Völker so weit wie möglich voneinander entfernt zu halten.

Die Begrenzung des Beute-Volumens auf etwa vierzig Liter fördert das Schwärmen. Beim Schwärmen gibt es einen natürlichen Brutunterbruch, der die Bekämpfung von Brutschädlingen (Varroa) und Krankheitserregern unterstützt. Durch Aufrauen der inneren Beutewände fördere ich die Propolisierung, die ein wesentlicher Bestandteil der sozialen Immunität des Bienenvolkes darstellt. Bienenkörbe sind ideal, da ihre raue Innenfläche mit unzähligen Ritzen die Bienen ermutigt, sie mit Propolis zu füllen. Ich verwende grob gesägtes Holz und ritze die Innenfläche mit einer grob gezahnten Handsäge weiter ein. Die durchschnittliche Fluglochöffnung von 33 Honigbienen-Baumnestern (deren Ausmaße untersucht wurden) betrug zehn bis zwanzig Quadratzentimeter.[278] Dies deutet darauf hin, dass Fluglöcher klein gehalten werden sollten, das heißt etwa zwanzig Quadratzentimeter groß, was die Verteidigung der Nester erleichtert. Der Standardeingang einer Warré-Beute ist 18 Quadratzentimeter groß, das heißt, er liegt genau im Bereich der Normalgröße. Für die meisten Imkerinnen und Imker wird es sehr schwierig und möglicherweise gefährlich sein, Seeleys Empfehlung zu befolgen, die Beuten hoch oben (etwa fünf Meter über Boden) aufzustellen. Diese Empfehlung scheint nicht auf seinen Beobachtungen von Baumnestern (siehe oben) zu beruhen, bei denen etwa die Hälfte der untersuchten Eingänge null bis einen Meter vom Boden entfernt war. Vielmehr beruht sie wohl auf den Versuchen, bei denen künstlichen Schwärmen Lockbeuten angeboten wurden.[279] Hoch gelegene Behausungen beziehungsweise Fluglöcher sind wahrscheinlich ideal für Auswilderungsprojekte von Honigbienen.

Betriebsweise der Völker

Wenn man den Bienen die Möglichkeit bietet, auf Naturbau-Waben zu leben, können sie nicht nur die Größe der Arbeiterinnenzellen selbst bestimmen (siehe Seite 80 zu kleinzelligen Waben), sondern auch die Menge der Drohnenwaben. Drohnen sind keine Platzverschwendung, die nur ab und zu für Vermehrungszwecke benötigt werden. Sie helfen, das Volk zu wärmen, zum Beispiel wenn die Flugbienen unterwegs sind.[280] Ein hohes Maß an Polyandrie, das durch eine wachsende Drohnenpopulation entsteht, erhöht nachweislich die Varroa-Resistenz der Völker.[281]

Was die allgemeine Betriebsweise anbelangt, tragen minimale Eingriffe zusammen mit wenig Wabenmanipulation (Umstellen von Waben) und möglichst wenig Verstellen der Beuten dazu bei, das Leben der Bienenvölker vor störenden Einflüssen und Stress zu schützen. Naturbau ohne Rähmchen in Beuten wie zum Beispiel Körben oder sogar Warrés können ein Hindernis für amtliche Kontrollen durch die Behörden darstellen. Da jedoch von den Kontrollbehörden erwartet wird, dass sie sich bei ihren Inspektionen am effektiven Risiko orientieren,[282] um keine öffentlichen Gelder für unnötige Inspektionen zu verschwenden, und da solche Bienenvölker im Allgemeinen ein geringeres Risiko darstellen, weil sie kaum zu einer intensiven Imkerei gehören, sollte dieses potenzielle Problem zu lösen sein. Da moderne Techniken zum Nachweis von AFB- (Faulbrut-)[283] und EFB- (Sauerbrut-)[284] Erregern durch Bienen- oder Gemüllproben ohne Entnahme von Waben zur Verfügung stehen, kann man das Risiko besser einschätzen, bevor entschieden wird, ob Waben für eine Brutkontrolle entnommen werden müssen.

Wie ich in einer anderen Publikation erörtert habe,[285] können Standbegattungen und natürliches Umweiseln durch den Schwarmtrieb dazu beitragen, die Fitness der Bienenpopulation zu verbessern. Die Bienen selbst sind in den gesamten Prozess eingebettet und «wissen», wohin die Reise geht, während bei der künstlichen Königinnenzucht der Bienenzüchtende den Prozess steuert und Königinnenphänotypen auswählt, die sich im Bienenvolk manifestieren. Ausgewählt werden dabei solche, die für Imkernde bequem sind, aber nicht unbedingt dem Überleben des Bienenvolks dienen. Und die künstliche Selektion auf einzelne Merkmale (wie zum Beispiel varroasensitives Hygieneverhalten (VSH) oder Unterdrückung der Milbenvermehrung, wie vielversprechend sie auch für die Varroa-Resistenz erscheinen mögen) greift möglicherweise zu kurz für eine Konstellation von Merkmalen, die für eine echte, dauerhafte Resistenz erforderlich ist. Außerdem besteht bei der Königinnenzucht die Gefahr, dass ein Teil der genetischen Vielfalt, die es für die Entwicklung einer Resistenz braucht, verloren geht.[286] Obwohl mehrere Studien in den letzten zwanzig Jahren, insbesondere im Labor von David Tarpy an der North Carolina State University, gezeigt haben, dass kommerzielle Königinnen eine akzeptable Morphologie, Begattungsparameter und Leistung aufweisen, wurden in keiner dieser Studien natürliche Königinnen (die aus dem Schwarmtrieb in normalen Königinnenzellen entstanden sind) als Vergleich herangezogen. Die Überlebensfähigkeit im Umgang mit Schädlingen oder Krankheitserregern wurde schon gar nicht gemessen. Darüber hinaus gibt es immer mehr Hinweise auf rätselhafte Schäden, die durch die künstliche Königinnenzucht entstehen. He et al. (2017) verglichen Königinnen, die aus Larven aufgezogen wurden – die übliche Praxis in der künstlichen Königinnenzucht – mit solchen, die aus Eiern aufgezogen wurden. Es gab signifikante morphologische Unterschiede zwischen den beiden Königinnentypen. Die Autorenschaft kam zum Schluss:

> « Wir vermuten, dass die durch die kommerzielle Aufzuchtpraxis verursachten Umweltveränderungen (Ernährung und Raum) über epigenetische Prozesse zu einem suboptimalen Phänotyp der Königin führen, der möglicherweise zur Entwicklung des Dimorphismus von Königin und Arbeiterin beiträgt. Dies hat möglicherweise auch zum weltweiten Anstieg von Honigbienenvölker-Verlusten beigetragen. »[287] [übersetzt]

Die gleichen Labore untersuchten die Methylome der aus Eiern und Larven hervorgegangenen Königinnen. Im Folgenden werden ausgewählte Zitate aus dem Artikel wiedergegeben:

> « […] wir zeigen, dass dieses epigenomische Entwicklungssystem an sich durch den Entwicklungsstress beeinträchtigt wird, der mit den heutigen Imkereimethoden der Königinnenaufzucht einhergeht […]
> […] die hier festgestellte rätselhafte Anhäufung von Veränderungen im Methylom der Königin ist beunruhigend. […]
> Dies könnte die Qualität der Königinnen verringern, ohne dass es sich in der Bienengenetik oder als herkömmliche Inzucht nachweisen lässt. »[288] [übersetzt]

Die Vermehrung von Bienenvölkern durch natürliches Schwärmen umfasst mindestens drei Phasen, in denen die Weisheit der natürlichen Selektion zum Tragen kommt: Die Arbeiterinnen wählen aus den bestifteten Königinnenzellen aus, welche sie pflegen und zum Schlupf bringen. Dann machen die geschlüpften Königinnen unter sich eine Siegerin aus. Und letztendlich findet beim Begattungsflug ein Wettbewerb zwischen den Drohnen statt. Ein weiterer Selektionsschritt würde natürlich für Schwärme gelten, die sich selbst überlassen eine geeignete Behausung finden und beziehen (hinfliegen) müssten. Aber das braucht uns hier nicht zu interessieren, denn Schwärme werden oftmals von Imkerinnen und Imkern eingefangen, wodurch dieser Schritt im natürlichen Selektionsprozess umgangen wird.

Wolfgang Ritter, ehemaliger Leiter der einstigen Abteilung für Bienenkunde am Tierhygienischen Institut in Freiburg, Deutschland, und von 1987 bis 2015 Präsident der wissenschaftlichen Kommission des Internationalen Verbands der Bienenzüchterverbände (Apimondia), hat einmal gesagt:

> « Das Schwärmen ist eines der Grundelemente der Bienengesundheit [… , aber] wir haben ihnen das Schwärmen weggezüchtet und wir versuchen mit allen Mitteln, das Schwärmen zu unterbinden. »[289]

Weiter wird dafür plädiert, der Natur bei der Völkervermehrung Raum zu lassen, das heißt, unsere Imkerei ohne Königinnen- und Rassenzucht zu betreiben.[53] Nur so bleibt die volle genetische Bandbreite erhalten, die die Bienen zur Entfaltung ihrer Resistenz gegen Krankheitserreger und Schädlinge benötigen.

Ein Schwarm zieht in eine Lockbeute ein.

Imkerinnen und Imker, die in erster Linie an der Honigernte interessiert sind, werden das Schwärmen, welches das Bienenvolk durch ausziehende Bienen und die Brutpause schwächt, als ein Zeichen des Scheiterns ansehen. Aber Imkernde, für die das Überleben der Bienen am wichtigsten ist, lassen die Bienenvölker vielleicht gerne schwärmen und nehmen eine geringere oder gar keine Honigernte in Kauf. Sie betreiben Schwarm-Management statt Schwarmverhinderung (siehe Abschnitt über Lockbeuten, Seite 28). Dabei gibt es jedoch ein paar Punkte zu bedenken. Bei einem städtischen Bienenstand werden sich Nachbarn nicht freuen, wenn jeden Sommer Dutzende von Schwärmen abgehen. Und bei Lockbeuten, die nicht als langfristige Bienenbehausung konzipiert sind, fallen tägliche Kontrollen an. Außerdem sollten die örtlichen

Vorschriften zur Bekämpfung von Bienenkrankheiten konsultiert werden, da allenfalls unkontrolliertes Schwärmen verhindert werden muss. In Deutschland zum Beispiel muss eine leere Beute, die einmal von Bienen bewohnt war, verschlossen sein.[291]

Imkernde, die sich während der Schwarmzeit – für mich der Höhepunkt der Imkersaison – nicht mehr Zeit für ihre Bienen nehmen können, sind wie ein Hirte, der sich entscheidet, während des Lämmerns nicht da zu sein.

Ernährung der Völker

Es wird davon ausgegangen, dass behandlungsfrei Imkernde normale Betriebsweisen anwenden und versuchen sicherzustellen, dass die Bienen nicht zusätzlich zum Varroa-Stress auch noch unter Futterstress stehen. Die Bereitstellung von ausreichend Nektar und Pollen, einschließlich Pollenvielfalt, liegt jedoch nur insofern in der Hand der Imkerschaft, als sie ihre Bienenstandorte unter Berücksichtigung der Völkerdichte auswählen. (Wenn man die Völkerdichte abschätzt, sollte man neben den bewirtschafteten Völkern auch wilde Honigbienen mitdenken.) Trotz des hohen Prozentsatzes an nicht bepflanzten Flächen gibt es in den meisten Städten und sogar mitten in Großstädten wie London produktive Bienenvölker. (Obwohl davor gewarnt wird, weil die Praxis nicht-nachhaltige Auswirkungen auf wilde Bestäuber hat.)[292] Wenn man feststellt, dass das, was die Bienen eintragen, jedes Jahr durch künstliche Futtermittel ergänzt werden muss, sollte die Eignung des Standorts für die behandlungsfreie Bienenhaltung überdacht werden. Dies gilt insbesondere für Bienenstände, an denen die Bienen wahrscheinlich Insektiziden und Fungiziden aus den umliegenden Ackerkulturen ausgesetzt sind.

Endnoten

Haftungsausschluss

[1] Der Wortlaut der Gesetzestexte ist wie folgt:
CH: «Die Varroatose ist eine zu überwachende und somit meldepflichtige Tierseuche. Bieneninspektoren und Laboratorien müssen Seuchenfälle und verdächtige Anzeichen dem Kantonstierarzt oder der Kantonstierärztin melden.» (https://www.blv.admin.ch/blv/de/home/tiere/tierseuchen/uebersicht-seuchen/alle-tierseuchen/varroatose-eine-milbenkrankheit-der-bienen.html)
DE: «Ist ein Bienenstand mit Varroamilben befallen, so hat der Besitzer alle Bienenvölker des Bienenstandes jährlich gegen Varroatose zu behandeln [...]» (https://www.gesetze-im-internet.de/bienseuchv/BJNR005940972.html#BJNR005940972BJNG001103377)
AT: «Anzuzeigen ist jeder der folgenden Krankheiten: [...] Varroose bei seuchenhaftem Auftreten.» (https://www.ris.bka.gv.at/GeltendeFassung.wxe?Abfrage=Bundesnormen&Gesetzesnummer=10010539)

Einleitung

[2] Zum Beispiel: Rosenkranz, P., Aumeier, P. & Ziegelmann, B. (2010) Biology and control of Varroa destructor. *Journal of Invertebrate Pathology* 103: 96–119.

[3] ‚Beekeeping together within agriculture' 46th APIMONDIA – International Apicultural Congress, Montréal, 8–12 September, 2019, Québec. Abstracts book: https://www.bienenpodcast.at/wp-content/uploads/2019/09/API_abstractbook.pdf

[4] DeGrandi-Hoffman, G., Ahumada, F. & Graham, H. (2017) Are Dispersal Mechanisms Changing the Host–Parasite Relationship and Increasing the Virulence of Varroa destructor (Mesostigmata: Varroidae) in Managed Honey Bee (Hymenoptera: Apidae) Colonies? *Environmental Entomology* 46 (4): 737–746. DOI: 10.1093/ee/nvx077

1 Anwendungen von Chemikalien und warum wir keine mehr verwenden

[5] Tihelka, E. (2018) Effects of synthetic and organic acaricides on honeybee health: A review. *Slovenian Veterinary Research* 55 (2): 119–140. DOI: 10.26873/SVR-422-2017

[6] Raymann, K. & Moran, N. A. (2018) The role of the gut microbiome in health and disease of adult honey bee workers. *Current opinion in insect science* 26: 97–104. DOI: 10.1016/j.cois.2018.02.012

[7] Saelao, P., Borba, R. S., Ricigliano, V., Spivak, M. & Simone-Finstrom, M. (2020) Honeybee microbiome is stabilized in the presence of propolis. *Biology Letters* 16: 20200003. DOI: 10.1098/rsbl.2020.0003

[8] Dalenberg, H., Maes, P., Mott, B., Anderson, K. E. & Spivak, M. (2020) Propolis Envelope Promotes Beneficial Bacteria in the Honey Bee (*Apis mellifera*) Mouthpart Microbiome. *Insects* 11 (7): 453. DOI: 10.3390/insects11070453

[9] Muñoz-Colmenero, M., Baroja-Careaga, I., Kovačić, M., Filipi, J., Puškadija, Z., Kezić, N., Estonba, A., Büchler, R. & Zarraonaindia, I. (2020) Differences in honey bee bacterial diversity and composition in agricultural and pristine environments – a field study. *Apidologie* 51: 1018–1037. DOI: 10.1007/s13592-020-00779-w

[10] Faucon, J. P., Drajnudel, P. & Fléché, C. (1995) Mise en évidence d'une diminution de l'efficacité de l'Apistan®; utilisé contre la varroose de l'abeille (*Apis mellifera* L). *Apidologie* 26: 291–296. DOI: 10.1051/apido:19950403

[11] Ritter, W. (2014) 30 Jahre Varroa-Milbe. Präsentation an der Global 2000 ‚Meet the Bees' Konferenz, Schloss Schönbrunn, Wien, Österreich, April. https://youtu.be/VSyZzD7itdo.
Folien: https://www.global2000.at/sites/global/files/Pr%C3%A4sentation%20-%20Dr.%20Wolfgang%20RITTER.pdf

[12] https://www.mannlakeltd.com/beekeeping/feeds-medication/fumidil-b/

[13] https://britishbeevets.com/nosema/

[14] https://randd.defra.gov.uk/ProjectDetails?ProjectId=16966

[15] Warré-Beuten sind im deutschsprachigen Raum noch wenig verbreitet. Für Details zur Betriebsweise siehe: Heaf, D. (2013) Natural beekeeping with the Warré hive – a manual. Northern Bee Books, Mytholmroyd, oder http://www.bee-friendly.co.uk/

[16] https://britishbeevets.com/foulbrood/

[17] Moore, P. A., Wilson, M. E. & Skinner, J. A. (2015) Honey Bee Tracheal Miles: Gone? But not for Good. https://bee-health.extension.org/honey-bee-tracheal-mites-gone-but-not-for-good/

[18] Martin, S. J. & Grindrod, I. (2020) Natural varroa-resistant honey bees: Biology, Testing and Propagation. *BBKA News Special Issue Series* August 2020.

[19] Managing Small Hive Beetles (2019) Bee Health. https://bee-health.extension.org/managing-small-hive-beetles/

[20] Halcroft, M., Spooner-Hart, R., Neumann, P. (2011) Behavioral defense strategies of the stingless bee, *Austroplebeia australis*, against the small hive beetle. *Insectes Sociaux* 58: 245–253. DOI: 10.1007/s00040-010-0142-x

[21] Simone-Finstrom, M. & Spivak, M. (2010) Propolis and bee health: the natural history and significance of resin use by honey bees. *Apidologie* 41: 295–311. DOI: 10.1051/apido/2010016

[22] Malfroy, T., E-Mail an warrebeekeeping@yahoogroups.co.uk, 18. August 2010.

[23] Mullin, C. A., Frazier, M., Frazier, J. L., Ashcraft, S., Simonds, R., van Engelsdorp, D. & Pettis, J. S. (2010) High Levels of Miticides and Agrochemicals in North American Apiaries: Implications for Honey Bee Health. *PLoS ONE* 5 (3): e9754

[24] https://www.gesetze-im-internet.de/bienseuchv/__15.html#Seitenanfang

[25] NOD Apiary Ireland Limited, MAQS Formic Acid 68.2g Beehive Strips for Honey Bees. Instruction leaflet.

[26] Graedel, T. E. & Eisner, T. (1988) Atmospheric formic acid from formicine ants: a preliminary assessment. *Tellus B: Chemical and Physical Meteorology*, 40 (5): 335–339. DOI: 10.3402/tellusb.v40i5.15995

2 Meine Bienenhaltung und einige Statistiken

[27] Steiner, R. (1933) Nine lectures on bees. Part of GA351, Lecture V1, Dornach 10 December 1923. Transl. Pease, M. & Mirbt, C. A., Anthroposophical Agricultural Foundation. Also SteinerBooks, Inc; New edition (12. Feb. 1999). (Dt.: Steiner, R. (1923) Über das Wesen der Bienen. Neun

Vorträge gehalten für die Arbeiter am Goetheanum in Dornach am 3. Februar und vom 26. November bis 22. Dezember 1923. Rudolf Steiner Verlag (1. Januar 1988).)

28 Dews, J. (2008) The Native Bee (*Apis mellifera mellifera*) – Why the native bee is the best bee for the British climate. http://www.dave-cushman.net/bee/thebestbee.html

29 Elen, D. & al. (2019) IHBBN, reducing colony losses by breeding locally adapted honey bees. In ‚Beekeeping together within agriculture' 46th APIMONDIA – International Apicultural Congress, Montréal, 8–12 September, 2019, Québec.

30 Henriques, D., Lopes, A. R., Ferrari, R., Neves, C. J., Quaresma, A., Browne, K. A., McCormack, G. P. & Pinto, M. A. (2020) Can introgression in M-lineage honey bees be detected by abdominal colour patterns? *Apidologie* 51: 583–593. DOI: 10.1007/s13592-020-00744-7

31 Bee Improvement & Bee Breeders Association: https://bibba.com/

32 Ruttner, F., Milner, E. & Dews, J. E. (1990) *The Dark European Honey Bee: Apis mellifera mellifera* Linnaeus 1758, 1990, BIBBA.

33 Elen, D. (2020), zitiert als «persönliche Mitteilung» in: Hudson, C. & Hudson, S. (2020) Treatment-free beekeeping. *BBKA News Incorporating The British Bee Journal*, July: 229–232. Siehe auch Elen, D., Henriques, D., Pinto, M. A., Malhotra, A. & Cross, P. (2019) The Welsh Dark Bee (*Apis mellifera mellifera*) is not extinct. In ‚Beekeeping together within agriculture' 46th APIMONDIA – International Apicultural Congress, Montréal, 8–12 September, 2019, Québec. Abstract Book, 151.

34 Seeley, T. D. & Morse, R. A. (1976) The nest of the honey bee (*Apis mellifera* L.). *Insectes Sociaux* 23 (4): 495–512.

35 Berry, J. (2009) Pesticides, Bees And Wax – Measuring the effects of the compounds we use. *Bee Culture* 137 (1): 33–35.

36 Mullin, C. A., Frazier, M., Frazier, J. L., Ashcraft, S., Simonds, R., van Engelsdorp, D. & Pettis, J. S. (2010) High Levels of Miticides and Agrochemicals in North American Apiaries: Implications for Honey Bee Health. *PLoS ONE* 5 (3): e9754. DOI: 10.1371/journal.pone.0009754

37 https://mellifera.de/einraumbeute; meine Modifikation: http://www.dheaf.plus.com/framebeekeeping/modified_einraumbeute.htm

38 Lazutin, F. (2013) Keeping bees with a smile – A vision and practice of natural apiculture. Deep Snow Press, Ithaca, NY. Trans. Mark Pettus. Edited by Leonid Sharashkin. – Meine Modifikation davon: http://www.dheaf.plus.com/framebeekeeping/oneboxhive.htm

39 Mavrofridis, G. & Anagnostopoulos, I. T. (2012) The first top bar hive with fully interchangeable combs. *American Bee Journal* 152 (5): 483–485.

40 Crowder, L. & Harrell, H. (2012) Top-bar beekeeping – Organic practices for honeybee health – Natural hive management for honey, beeswax and pollination. Chelsea Green Publishing, Vermont.

41 Thür, J. (1946) Bienenzucht: naturgerecht, einfach und erfolgssicher. In: Friedrich Stocks Nachf. Karl Stropek, Wien. Kapitel I & II. Verfügbar unter http://www.seanet.com/~alexs/bien/bienenzucht_full.pdf

42 Heaf, D. (2019) *Nestduftwärmebindung* – a useful hypothesis or just ‚complete nonsense'? *Welsh Beekeeper* 206: 24–30. http://www.dheaf.plus.com/warrebeekeeping/heaf_response_to_shaw_wbka_2019.pdf

43 Frérès, J.-M. & Guillaume, J.-C. (2012) L'Apiculture Écologique de A à Z. Editions Marco Pietteur, Ferrières, Belgien.

44 Warré, É. (1948) L'Apiculture pour tous. 12e édition. Tours, Frankreich. https://www.apiculture-warre.fr/ruche/6-apiculture-pour-tous. (Dt.: Bienenhaltung für Alle. Deutsche Übersetzung zur 12. Auflage von Mandy Fritzsche. 2010)

[45] Warré, É. (1948) Beekeeping for All. 12th edition. Northern Bee Books, Mytholmroyd. Translated by David and Pat Heaf. http://www.users.callnetuk.com/~heaf/beekeeping_for_all.pdf

[46] Heaf, D. (2013) Natural beekeeping with the Warré hive – a manual. Northern Bee Books, Mytholmroyd.

[47] Seeley, T. D. (2007) Honey bees of the Arnot Forest: a population of feral colonies persisting with *Varroa destructor* in the northeastern United States. *Apidologie* 38: 19–29.

[48] Fries, I., Imdorf, A. & Rosenkranz, P. (2006) Survival of mite infested (Varroa destructor) honey bee (*Apis mellifera*) colonies in a Nordic climate. *Apidologie* 37: 564–570.

[49] Engel, M. S. (2000) A New Interpretation of the Oldest Fossil Bee (Hymenoptera: Apidae). *American Museum Novitates* No. 3296: 1–11. http://hdl.handle.net/2246/2087

[50] Rosenkranz, P., Aumeier, P. & Ziegelmann, B. (2010) Biology and control of Varroa destructor. *Journal of Invertebrate Pathology* 103, Suppl. 1: 96–119.

[51] Carreck, N. (2020), persönlicher Austausch.

[52] https://www.bbka.org.uk/news/record-low-level-of-winter-losses-of-honeybees. Das Diagramm zeigt Daten seit 2007.

[53] «In order to keep healthy and productive colonies, Varroa mites must be controlled.» https://nationalbeeunit.com/index.cfm?pageid=93

[54] Aston, D. (2020) Winter survival survey results 2019–2020. *BBKA News*, July 2020, 244.

[55] Aston, D. (2020), persönlicher Austausch.

[56] Für 2020/2021: Aston, D. (2021) Colony Survival Survey 2020–2021 (persönlicher Austausch), für 2021/2022: https://www.bbka.org.uk/news/84-of-beekeepers-who-replied-to-survey-had-no-winter-losses

[57] http://www.nationalbeeunit.com/index.cfm?pageId=203

[58] Bait Hives for Honey Bees (1989) Cornell Cooperative Extension. https://ecommons.cornell.edu/handle/1813/2653

[59] http://www.dheaf.plus.com/warrebeekeeping/bait_hives.htm

[60] Ritter, W. Was wollen die Bienen? Vortrag vor dem Kreis-Imkerverein Ingelheim Bingen. http://www.kreis-imkerverein-ingelheim-bingen.de/was-wollen-die-bienen/

[61] Kevill, J. L., de Souza, F. S., Sharples, C., Oliver, R., Schroeder, D. C. & Martin, S. J. (2019) DWV-A Lethal to Honey Bees (*Apis mellifera*): A Colony Level Survey of DWV Variants (A, B, and C) in England, Wales, and 32 States across the US. *Viren* 11 (5): 426. DOI: 10.3390/v11050426

[62] Hawkins, G. (2019), persönlicher Austausch. Siehe auch Hawkins, G. (2020) MSc thesis: Investigating naturally evolved Varroa destructor resistance in *Apis mellifera* honey bees: host behavioural traits and parasite reproductive biology. http://usir.salford.ac.uk/id/eprint/58621/?template=banner

[63] McNeil, M. E. A. (2010) John Kefuss: Keeping Bees That Keep Themselves. *The American Bee Journal*, January, 150 (1): 57–61. https://www.researchgate.net/publication/265521765

3 Darwinistische Bienenhaltung

[64] Fries, I., Imdorf, A. & Rosenkranz, P. (2006) Survival of mite infested (Varroa destructor) honey bee (*Apis mellifera*) colonies in a Nordic climate. *Apidologie* 37: 564–570.

[65] Fries, I. & Bommarco, R. (2007) Possible host-parasite adaptations in honey bees infested by *Varroa destructor* mites. *Apidologie* 38: 525–533.

[66] Mikheyev, A. S., Tin, M. M. Y., Arora, J. & Seeley, T. D. (2015) Museum samples reveal rapid evolution by wild honey bees exposed to a novel parasite. *Nature Communications* 6: 7991. DOI: 10.1038/ncomms8991

[67] Seeley, T. D., Tarpy, D. R., Griffin, S. R., Carcione, A. & Delaney, D. A. (2015) A survivor population of wild colonies of European honeybees in the northeastern United States: investigating its genetic structure. *Apidologie* 46: 654–666. DOI: 10.1007/s13592-015-0355-0

[68] http://beeaudacious.com/

[69] Neumann, P. & Blacquière, T. (2017) The Darwin cure for apiculture? Natural selection and managed honey bee health. *Evolutionary Applications* 10: 226–230. DOI: 10.1111/eva.12448. Open access https://www.researchgate.net/publication/310436691_The_Darwin_cure_for_apiculture_Natural_selection_and_managed_honey_bee_health

[70] Seeley, T. D. (2017) Darwinian Beekeeping: An Evolutionary Approach to Apiculture. *Natural Bee Husbandry, Issue 3,* April 2017, 9–14. http://www.naturalbeekeepingtrust.org/darwinian-beekeeping. Im gleichen Jahr auch veröffentlicht in *American Bee Journal* (157 (3): 277–282) und *Bees for Development Journal* (Issue 122: 3–8).

[71] McNeil, M. E. A. (2016) Bomb vs Bond – Treatment/nontreatment: The twain do meet, and let us count the ways. *American Bee Journal* October. https://americanbeejournal.com/bomb-vs-bond/

[72] Heaf, D. (2017) Dealing with varroa: natural selection or artificial selection? *Natural Bee Husbandry*, Issue 4, August, 8–10. http://www.dheaf.plus.com/warrebeekeeping/dealing_with_varroa.pdf und https://www.naturalbeekeepingtrust.org/natural-selection

[73] Pritchard, D. (2020) Bees and varroa: adaptation through adversity. *The Welsh Beekeeper* 209, Autumn, 32–42.

[74] Blacquière, T., Boot, W., Calis, J. & al. (2019) Darwinian black box selection for resistance to settled invasive *Varroa destructor* parasites in honey bees. *Biological Invasions* 21: 2519–2528. DOI: 10.1007/s10530-019-02001-0

[75] Schiffer, T. (2020), persönlicher Austausch.

[76] Kulhanek, K., Garavito, A. & van Engelsdorp, D. (2021) Accelerated Varroa destructor population growth in honey bee (Apis mellifera) colonies is associated with visitation from non-natal bees. *Scientific Reports* 11: 7092. DOI: 10.1038/s41598-021-86558

4 Ethik, Gesetze und soziale Auswirkungen der behandlungsfreien Bienenhaltung

[77] Wirz, J., Frey, E. & Poeplau, N. (2020) Varroatoleranz und die Verantwortung der Imker. *Biene Mensch Natur* 38: 12–13. https://www.mellifera.de/download.html?f=bmn%2Fbmn_38.pdf

[78] Guichard, M., Dietemann, V., Neuditschko, M. & Dainat, B. (2020) Three Decades of Selecting Honey Bees that Survive Infestations by the Parasitic Mite Varroa destructor: Outcomes, Limitations and Strategy. *Preprints*, 3 March 2020. https://www.preprints.org/manuscript/202003.0044/v1

[79] https://www.bienen.ch/fileadmin/user_upload_relaunch/Dokumente/Funktionaere/Checkliste_Pflichten_TSG_TSV_SBZ-02-2010.pdf

[80] Bundesministerium der Justiz und für Verbraucherschutz G, Bundesamt für Justiz G. (2014). Bd. V § 15. https://www.gesetze-im-internet.de/bienseuchv/__15.html#Seitenanfang

[81] Gray, A. and 37 others (2020) Honey bee colony winter loss rates for 35 countries participating in the COLOSS survey for winter 2018–2019, and the effects of a new queen on the risk of colony winter loss. *Journal of Apicultural Research*. DOI: 10.1080/00218839.2020.1797272

[82] Parker, A. (2020) E-Mail an Paul Honigmann 10. August 2020. «Thank you for your question which is interesting. As a Bee Unit we work under the Bees Act and the definition of how they are classed has not yet been an issue, in my time working for the Bee Unit. So I am afraid I am unable to answer your question.»

[83] Beekeeping and hive products standards for the use of Demeter, biodynamic and related trademarks. June 2018. https://www.demeter.net/certification/standards/beekeeping. Seite 3. «Bee colonies are however dependent on human care today.» (Dt.: Richtlinien 2022 – Erzeugung und Verarbeitung. Richtlinien für die Zertifizierung «Demeter» und «Biodynamisch». 7.14.1. Leitbild «... sind die Bienenvölker – heute mehr denn je – auf die pflegende Betreuung durch den Menschen angewiesen». https://www.demeter.de/sites/default/files/richtlinien/richtlinien_gesamt.pdf)

[84] Zum Beispiel: Evans, D. (undatiert) Measles, mites and anti-vaxxers. *The Apiarist blog.* https://www.theapiarist.org/measles-mites-and-anti-vaxxers/

[85] Schiffer, T. (2020) Evolution der Bienenhaltung. Ulmer Verlag.

[86] Tautz, J. (2008) The Buzz About Bees – Biology of a Superorganism. Springer, Heidelberg. (Dt.: Tautz, J. (2007) Phänomen Honigbiene. Elsevier, Spektrum, München.)

[87] Rolston, Holmes, III (2002) What do we mean by intrinsic value and integrity of plants and animals? In: Heaf, D. & Wirz, J. (Eds.) Genetic engineering and the intrinsic value and integrity of animals and plants. Proceedings of a workshop at the Royal Botanic Garden, Edinburgh, UK, 18–21 September 2002: 5–11. Ifgene – International Forum for Genetic Engineering, Dornach, Switzerland.

[88] Wray, M. K., Mattila, H. R. & Seeley, T. D. (2011) Collective personalities in honeybee colonies are linked to colony fitness. *Animal Behaviour* 81 (3): 559–568.

[89] Imperial College Consultants Limited (2008) Honeybee health (risks) in England and Wales. Report to the National Audit Office by Imperial College Consultants Limited. September 2008. https://www.nao.org.uk/wp-content/uploads/2009/03/0809288_honeybee_health.pdf

[90] Parker, A. (2020), persönliche Mitteilung per E-Mail von der UK National Bee Unit: «2018's count indicated a total UK population of honey bee hives at approximately 244,000. Please note that several assumptions formed part of the calculations used to get derive this number. It is therefore classed as an 'experimental statistic'.»

[91] Wilkins, S., Brown, M. A. & Cuthbertson, A. G. S. (2007) The incidence of honey bee pests and diseases in England and Wales. *Pest Management Science* 63: 1062–1068. DOI: 10.1002/ps.1461

[92] Crowder, L. & Harrell, H. (2012) Top-bar beekeeping – Organic practices for honeybee health – Natural hive management for honey, beeswax and pollination. Chelsea Green Publishing, Vermont. S. 120.

[93] Frey, E., Schnell, H. & Rosenkranz, P. (2011) Invasion of *Varroa destructor* mites into mite-free honey bee colonies under the controlled conditions of a military training area. *Journal of Apicultural Research* 50 (2): 138–144. DOI: 10.3896/IBRA.1.50.2.05

[94] Peck, D. T. & Seeley, T. D. (2019) Mite bombs or robber lures? The roles of drifting and robbing in *Varroa destructor* transmission from collapsing honey bee colonies to their neighbors. *PLoS ONE* 14 (6): e0218392. DOI: 10.1371/journal.pone.0218392

[95] Seeley, T. D. (2017) Life-history traits of wild honey bee colonies living in forests around Ithaca, NY, USA. *Apidologie* 48: 743–754. DOI: 10.1007/s13592-017-0519-1

[96] Flottum, K. (2010) The Backyard Beekeeper – Revised and Updated: An Absolute Beginner's Guide to Keeping Bees in Your Yard and Garden. Quarry Books. S. 116.

[97] https://research.beeinformed.org/survey/. Leider sind die Daten vorübergehend nicht zugänglich.

[98] Parker, S. (2019) A much simpler explanation of why mite bombs happen. http://parkerbees.blogspot.com/. Blog for Tuesday 27 August 2019.

[99] Webster, K. (2008) A New Paradigm for American Beekeeping. *American Bee Journal* 148: 257–259. https://kirkwebster.com/a-new-paradigm-for-american-beekeepers/

[100] Jandricic, S. E. & Otis, G. W. (2003) The potential for using maleselection in breeding honeybees resistant to *Varroa destructor*. *Bee World* 84 (4): 155–164. https://www.researchgate.net/profile/Sarah_Jandricic/publication/258235381

101 Martin, S. J. & Grindrod, I. (2020) Natural varroa resistant honey bees – Biology, Testing and Propagation. *BBKA News Special Issue Series* August 2020, 9.

102 Cilia, L. (2019) The Plight of the Honeybee: a Socioecological Analysis of large-scale Beekeeping in the United States. *Sociologia Ruralis: Journal of the European Society for Rural Sociology* 59 (4): 831–849. DOI: 10.1111/soru.12253

5 Die Gwynedd-Erfahrung

103 Heaf, D. (2015) Winter Colony Losses – Does VarroaTreatment Alter Outcome? *BBKA News Incorporating British Bee Journal* August 2015, 270.

104 Hudson, C. (2012) Results of 201012 Winter Losses Survey. *The Welsh Beekeeper* No. 179, Winter 2012: 18–19.

105 Hudson, C. & Hudson, S. (2013) Results of 2012–2013 Winter Losses Survey. *The Welsh Beekeeper* No. 182, Autumn, 2013: 38–40.

106 Hudson, C. & Hudson, S. (2014) Results of 2013–2014 Winter Losses Survey. *The Welsh Beekeeper* No. 185, Summer 2014: 25–29.

107 Hudson, C. & Hudson, S. (2015) Results of 2014–2015 Winter Losses Survey. *The Welsh Beekeeper* No. 189, Summer 2015: 8–12.

108 Pritchard, D. (2015) Varroa Treatment and Colony Losses. *BBKA News Incorporating the British Bee Journal*, December 2015, 435.

109 Mitchell, D. (2015) Ratios of colony mass to thermal conductance of tree and man-made nest enclosures of *Apis mellifera*: implications for survival, clustering, humidity regulation and Varroa destructor. *International Journal of Biometeorology* 60 (5): 629–638. DOI: 10.1007/s00484-015-1057-z

110 The National Bee Unit (2020) Managing Varroa. The Animal and Plant Health Agency, 28.

111 Hudson, C. & Hudson, S. (2016) Varroa has lost its sting. *BBKA News Incorporating the British Bee Journal* 223, December 2016: 429–431. https://beemonitor.files.wordpress.com/2016/07/429_varroa.pdf

112 Desandere, A. (2017) Varroa to treat or not. *BBKA News Incorporating the British Bee Journal* 224, May, 172.

113 Oddie, M., Büchler, R., Dahle, B., Kovacic, M., Le Conte, Y., Locke, B., de Miranda, J. R., Mondet, F. & Neumann, P. (2018) Rapid parallel evolution overcomes global honey bee parasite. *Scientific Reports* 8: 7704. https://www.nature.com/articles/s41598-018-26001-7

114 Shaw, W. (2017) Letter to the editor. *The Welsh Beekeeper* 196, Summer, 23.

115 Gfeller, T. & Powell, J. (2016) Has Varroa Lost Its Sting? Natural Beekeeping Trust. https://youtu.be/FsvFmtgmkmI

116 Remter, F. (2016) Behandlungsfreie Imkerei in Gwynedd, Wales / Treatment free beekeeping in Gwynedd, Wales. https://vimeo.com/157019200

117 Schütt, J.-M. (2016) Varroa – Dr. David Heaf on Treatment-Free Beekeeping – L'Apiculture naturelle sans traitement. https://www.youtube.com/watch?v=6gCY6EZkgxE

118 Hudson, C. & Hudson, S. (2019) 11 years of treatment free beekeeping. *The Welsh Beekeeper,* Winter 2019, 10–15. Auch veröffentlicht unter dem Titel «Treatment-free beekeeping» in: *BBKA News Incorporating The British Bee Journal,* July, 2020: 229–232. https://beemonitor.org/2020/11/12/treatment-free-beekeeping/

119 Pritchard, D. (2017) Development of resistance to Varroa Rapid Development of Varroa Resistant Behaviour in a Colony of Hybrid Honey Bees. *Natural Bee Husbandry* 4, July: 14–21.

120 Brettell, L. E. & Martin, S. J. (2017) Oldest *Varroa* tolerant honey bee population provides insight into the origins of the global decline of honey bees. *Scientific Reports* 7: 45953. DOI: 10.1038/srep45953

[121] Strauss, U., Dietemann, V., Human, H., Crewe, R. & Pirk, C. (2016). Resistance rather than tolerance explains survival of savannah honeybees (*Apis mellifera scutellata*) to infestation by the parasitic mite *Varroa destructor*. *Parasitology*, 143 (3): 374–387. DOI: 10.1017/S0031182015001754

[122] van Alphen, J. J. M. & Fernhout, B. J. (2020) Natural selection, selective breeding, and the evolution of resistance of honeybees (*Apis mellifera*) against *Varroa*. *Zoological Letters* 6: 6. DOI: 10.1186/s40851-020-00158-4

[123] Martin, S. J. & Grindrod, I. (2020) Natural varroa resistant honey bees – Biology, Testing and Propagation. *BBKA News Special Issue Series* August 2020, 9.

[124] Hudson, C. & Hudson, S. (2015) Wild honey bees of the Glaslyn estuary, Snowdonia. *The Welsh Beekeeper* 190: 26–31. https://beemonitor.files.wordpress.com/2016/07/the-wild-honey-bees-of-the-glaslyn-estuary-snowdonia.pdf

[125] Thompson, C. E., Biesmeijer, J. C., Allnutt, T. R., Pietravalle, S. & Budge, G. E. (2014) Parasite Pressures on Feral Honey Bees (*Apis mellifera* sp.). *PLoS ONE* 9 (8): e105164. DOI: 10.1371/journal.pone.0105164

[126] Elen, D., Richards, K. & Cross, P. (2019) Possible existence of a Varroa resistant honey bee population in Wales, UK. ‚Beekeeping together within agriculture' 46th APIMONDIA – International Apicultural Congress, Montréal, 8–12 September, 2019, Québec. Abstract book, 165. https://www.bienenpodcast.at/wp-content/uploads/2019/09/API_abstractbook.pdf

[127] Martin, S. J. & Grindrod, I. (2020) Natural varroa resistant honey bees – Biology, Testing and Propagation. *BBKA News Special Issue Series* August 2020, 9.

[128] Kevill, J. L., de Souza, F. S., Sharples, C., Oliver, R., Schroeder, D. C. & Martin, S. J. (2019) DWV-A Lethal to Honey Bees (*Apis mellifera*): A Colony Level Survey of DWV Variants (A, B, and C) in England, Wales, and 32 States across the US. *Viruses* 11 (5): 426. DOI: 10.3390/v11050426

[129] Gfeller. T., Bandi, I., Ritter, R. & Dietmann, V. (2019) Bienenexkursionsreise England-Wales, Juni 2019. Eine Bienenhaltung wie in Zeiten vor Varroa. Teil 1: *Schweizerische Bienen-Zeitung* 10/2019: 17–22. Teil 2: *Schweizerische Bienen-Zeitung* 11/2019: 26–32.

6 Projekte ohne Varroa-Behandlung in Europa und Amerika

[130] Oleksa, A., Gawronski, R. & Tofilski, A. (2013) Rural avenues as a refuge for feral honey bee population. *Journal of Insect Conservation* 17: 465–472. DOI: 10.1007/s10841-012-9528-6

[131] Kohl, P. L. & Rutschmann, B. (2018) The neglected bee trees: European beech forests as a home for feral honey bee colonies. *PeerJ* 6: e4602. DOI: 10.7717/peerj.4602

[132] Website von Paul Jungels: http://www.apisjungels.lu

[133] https://aristabeeresearch.org/de/weitere-ausbreitung-in-2016/

[134] https://service.ble.de/ptdb/index2.php?detail_id=2103579&site_key=293&stichw=SMR&zeilenzahl_zaehler=2#newContent

[135] Die Website von David Junker: https://www.kleine-holzbiegerei.de

[136] Die Gruppe Behandlungsfrei am Niederrhein hat keine Website, aber Claudia Blauert kann gerne per E-Mail kontaktiert werden: bienenblau@email.de

[137] In Deutschland ist es gesetzlich vorgeschrieben, dass jeder Bienenstock, in dem sich Bienen befunden haben, bienendicht verschlossen sein muss.

[138] Kefuss, J., Vanpoucke, J., Bolt, M. & Kefuss, C. (2016): Selection for resistance to Varroa destructor under commercial beekeeping conditions. *Journal of Apicultural Research* 54 (5): 563–576. DOI: 10.1080/00218839.2016.1160709

[139] Kefuss, J. (2019) Breeding For Varroa Black Holes, In: ‚Beekeeping together within agriculture' 46th APIMONDIA – International Apicultural Congress, Montréal, 8–12 September, 2019, Québec. Abstract book, 116. https://www.bienenpodcast.at/wp-content/uploads/2019/09/API_abstractbook.pdf

[140] Die Bienenstöcke von David Giroux: https://www.ecole-des-abeilles.fr/les-ruches/les-ruches-refuges/

[141] Die Imkerkurse von David Giroux: https://www.ecole-des-abeilles.fr/les-formations/

[142] Salbego, E. (2015) L'ape resistente alla varroa a Marostica. *L'Apicoltore Italiano*. Novembre, 32–33.

[143] Apicoltura Amodeo: https://www.amodeocarlo.com/

[144] Elies Watson, ABC Bees: https://abcbees.ca/

[145] Andrey and Sveta Anderson of Wild Mountain Honey: http://wildhoney.info/

[146] https://www.treatmentfree-beekeeping.com/

[147] http://bractwopszczele.pl/eng/about_en.html

[148] «Expansionsimkerei»: https://www.beesource.com/threads/expansion-model-beekeeping.279799/

[149] FREETHEBEES BULLETIN. 2019. 12. Sept. «BEES – PORTRAIT Fridolin Hess – die Honigbiene ist stärker als die Varroamilbe», 9. https://freethebees.ch/wp-content/uploads/2019/09/FREETHEBEES_Bulletin_12_DE_DEF.pdf

[150] Hess, F. (2020). In Gritsch, H. (Hrsg.) Ausgeschwärmt? Zukunft mit Bienen. Heinrich Gritsch, Silz, Österreich, 203.

[151] Webseite von Leoš Dvorský: http://dvorsky.leos.sweb.cz/

[152] https://beeuntoothers.com/ enthält eine E-Mail-Liste für gelegentliche Ankündigungen auf diesem Kanal.

[153] https://beeinformed.org/citizen-science/loss-and-management-survey/

[154] Conrad, R. (2014) Keeping Bees In Vermont Without Treatments Of Any Kind. *Bee Culture*, December 2014. https://www.beeculture.com/kirk-webster/

[155] Webster, K. (2008) A New Paradigm for American Beekeepers. *American Bee Journal* March. https://kirkwebster.com/a-new-paradigm-for-american-beekeepers/

[156] Webster, K. (2019) Twenty years of commercial beekeeping without treatments of any kind. In: ‚Beekeeping together within agriculture' 46th APIMONDIA – International Apicultural Congress, Montréal, 8–12 September, 2019, Québec. Abstracts book, S. 117. https://www.bienenpodcast.at/wp-content/uploads/2019/09/API_abstractbook.pdf

[157] https://www.kirkwebster.com/

[158] https://www.lescrowder.com/

[159] Crowder, L. & Harrell, H. (2012) Top-bar beekeeping – Organic practices for honeybee health – Natural hive management for honey, beeswax and pollination. Chelsea Green Publishing, Vermont.

[160] Treatment Free Beekeeping, Solomon Parker, https://www.youtube.com/watch?v=oO7l4LoDkCU

[161] https://www.facebook.com/groups/treatmentfreebeekeepers/

[162] Podcast: http://tfb.podbean.com

[163] http://parkerbees.blogspot.com/

[164] http://bushfarms.com/bees.htm

[165] http://anarchyapiaries.org/hivetools/

[166] https://beeweaver.com/

[167] https://nhbeekeeper.com/

[168] https://www.beverlybees.com/

[169] Golden Rule Honey: https://www.beeuntoothers.com/

[170] Stevens Bee Company: https://www.stevensbeeco.com/

[171] https://www.naturalbeekeepingtrust.org/, http://hampshire.naturalbees.net/, https://oxnatbees.wordpress.com/, http://www.beesfordevelopment.org/

[172] Ibbertson, J. & Ibbertson, C. (2017) Letter to the editor. *The Welsh Beekeeper* 197, Autumn, 26–29.

[173] Pritchard, D. (2020) Bees and varroa: adaptation through adversity. *The Welsh Beekeeper* 209, Autumn, 32–42.

[174] Pritchard, D. (2015) Breeding varroa resistant bees. *The Beekeepers Quarterly* 119 (March): 6.

[175] https://www.twobrooksbees.co.uk/

[176] Chandler, P. (2007) The Barefoot Beekeeper. Lulu, 4th ed. 2015. https://www.lulu.com/shop/philip-chandler/the-barefoot-beekeeper/paperback/product-22163795.html; https://www.biobees.com/

[177] The Hampshire Natural Bees group: http://hampshire.naturalbees.net/p/hampshire-natural-bees-group.html

[178] https://www.youtube.com/watch?v=DUFDXl8VGvs

[179] Mordecai, G. J., Brettell, L. E., Martin, S. J. Dixon, D., Jones, I. & Schroeder, D. S. (2016) Superinfection exclusion and the long-term survival of honey bees in Varroa-infested colonies. *The ISME Journal* 10, 1182–1191. https://www.ncbi.nlm.nih.gov/pmc/articles/PMC5029227/pdf/ismej2015186a.pdf

[180] http://www.swindonhoneybeeconservation.org.uk/

[181] Bleasdale, J. Varroa intolerant bees. https://www.youtube.com/watch?v=xk7duoVoaKg

[182] Bleasdale, J. (2019) Keep Bees Without Fuss or Chemicals, Northern Bee Books, Mytholmroyd. https://www.northernbeebooks.co.uk/product-category/joe-bleasdale/

[183] https://roselandonline.co.uk/Cornwall_Roseland_Peninsula/beemania/

[184] Die Website von Simon Kellam: www.justbeeecohives.com

[185] Lune Valley Community Beekeepers: https://www.lunevalleybeekeepers.co.uk/

7 Biotechnische Methoden gegen die Varroa – der halbe Weg zur behandlungsfreien Bienenhaltung

[186] Ellis, A. M., Hayes, G. W. & Ellis, J. D. (2009) The efficacy of dusting honey bee colonies with powdered sugar to reduce varroa mite populations. *Journal of Apicultural Research* 48 (1): 72–76.

[187] Liu, F., Xu, X., Zhang, Y., Zhao, H. & Huang, Z. Y. (2020) A Meta-Analysis Shows That Screen Bottom Boards Can Significantly Reduce Varroa destructor Population. *Insects* 11 (9): 624. https://www.mdpi.com/2075-4450/11/9/624

[188] Chapleau, J. P. (2003) Experimentation of an Anti-Varroa Screened Bottom Board in the Context of Developing an Integrated Pest Management Strategy for Varroa Infested Honeybees in the Province of Quebec. https://calgarybeekeepers.com/wp-content/uploads/2018/03/AV-BOTTOM_BOARD1.pdf

[189] Büchler, R. & al. (2020) Summer brood interruption as integrated management strategy for effective Varroa control in Europe. *Journal of Apicultural Research* 59 (5): 764–773. DOI: 10.1080/00218839.2020.1793278

[190] Calis, J. N. M., Boot, W. J., Beetsma, J., van den Eijnde, J. H. P. M., de Ruijter, A. & van der Steen, J. J. M. (1999) Effective biotechnical control of varroa: applying knowledge on brood cell invasion to trap honey bee parasites in drone brood, *Journal of Apicultural Research* 38 (1–2): 49–61. DOI: 10.1080/00218839.1999.11100995

[191] Mattila, H. R. & Seeley, T. D. (2007) Genetic Diversity in Honey Bee Colonies Enhances Productivity and Fitness. *Science* 317: 362–364. DOI: 10.1126/science.1143046

[192] Blauert, C. (2018) Behandlungsfreie Imkerei und wild lebende Bienen: Ein eindrucksvoller Besuch bei Clive und Shân Hudson am 2. Mai 2018, Snowdonia, Wales. https://beemonitor.files.wordpress.com/2018/10/behandlungsfreie-imkerei-und-wild-lebende-bienen-ein-besuch-bei-clive-und-shc3a2n-hudson-snowdonia-2-mai-2018.pdf

[193] Wirz, J. (2017/2018) Varroabehandlung mit dem Mullerbrett. *Biene Mensch Natur* 33: 6. https://www.mellifera.de/download.html?f=bmn%2Fbmn_33.pdf

[194] Paeffgen, T. & Wirz, J. (2019/2020) Das Mullerbrett im dritten Versuchsjahr. *Biene Mensch Natur* 37: 14. https://www.mellifera.de/download.html?f=bmn%2Fbmn_37.pdf

[195] Tihelka, E. (2016) History of Varroa Heat Treatment in Central Europe (1981–2013), *Bee World* 93 (1): 4–6. DOI: 10.1080/0005772X.2016.1204826

[196] https://www.varroahyperthermie.ch/index.php

[197] Bičík, V., Vagera, J. & Sádovská, H. (2016) The effectiveness of thermotherapy in the elimination of *Varroa destructor. Acta Musei Silesiae. Scientiae Naturales* 65 (3): 263–269.

[198] https://www.bienensauna.de/, http://www.varroakill.com/, http://beekeeping.gr/dias/thermovar/, https://www.varroa-controller.com/, https://www.vatorex.com/de/

[199] Kablau, A., Berg, S., Härtel, S. & Scheiner, R. (2019) Hyperthermia treatment can kill immature and adult *Varroa destructor* mites without reducing drone fertility. *Apidologie* 51: 307–315. DOI: 10.1007/s13592-019-00715-7

[200] Berg, S. (2017) Hyperthermie – Das Prinzip funktioniert. *Deutsches Bienen-Journal*, Januar, 16–17. https://www.varroa-controller.com/wp-content/uploads/2020/06/dbj-2017-1-Seite-16-17.pdf

[201] Kablau, A., Berg, S., Rutschmann, B. & al. (2020) Short-term hyperthermia at larval age reduces sucrose responsiveness of adult honeybees and can increase life span. *Apidologie* 51: 570–582. DOI: 10.1007/s13592-020-00743-8

[202] Levin, C. G. & Collison, C. H. (1990) Broodnest Temperature Differences and their Possible Effect on Drone Brood Production and Distribution in Honeybee Colonies, *Journal of Apicultural Research* 29 (1): 35–44. DOI: 10.1080/00218839.1990.11101195

[203] Erickson, E. H., Lusby, D. A., Hoffman, G. D. & Lusby, E. W. (1990) On the size of cells: speculations on foundation as a colony management tool, *Glean. Bee Culture* 118: 98–101, 173–174. Dieser zweiteilige Artikel kann unter https://beesource.com/point-of-view/dee-lusby/historical-data-on-the-influence-of-cell-size/on-the-size-of-cells-part-1/ abgerufen werden. Scrollen Sie nach unten zum Link für Teil 2.

[204] Lusby, D. A. (1996) Small Cell Foundation for Mite Control. Letter to the editor. *American Bee Journal* 136 (11): 758–760.

[205] Lusby, D. A. (1997) More on Small Cell Foundation for Mite Control. Letter to the editor. *American Bee Journal*, 137 (6): 411–412.

[206] Saucy, F. (2014) About cell size, varroa control and a „fatal error". Letters to the editor. *American Bee Journal* 154 (10): 1049–1050.

[207] Heaf, D. (2013) Natural cell size. http://www.dheaf.plus.com/warrebeekeeping/natural_cell_size_heaf.pdf

[208] Heaf, D. (2011) Do small cells help bees cope with varroa? – A Review. *The Beekeepers Quarterly*, June, 104: 39–45. Aktualisiert mit Nachtrag: http://www.dheaf.plus.com/warrebeekeeping/do_small_cells_help_bees_cope_with_varroa.pdf

[209] Beier, M. The book scorpion, a welcome guest in bee colonies. Translated by David Heaf from ‚Der Bücherskorpion, ein willkommener Gast der Bienenvölker'. *Österreichischer Imker* 1 (1951): 209–211. http://www.dheaf.plus.com/warrebeekeeping/beier_1951_pseudoscorpions_english.pdf

[210] Schiffer, T. (2015) Bee-Nature Project. Book scorpion and varroa video: https://www.youtube.com/watch?v=y1zdancXRDg

[211] van Toor, R. F., Thompson, S. E., Gibson, D. M. & Smith, G. R. (2015) Ingestion of Varroa destructor by pseudoscorpions in honey bee hives confirmed by PCR analysis. *Journal of Apicultural Research* 54 (5): 555–562. DOI: 10.1080/00218839.2016.1184845

[212] van Toor, R. (2016) Can chelifers be made to control varroa mites in beehives? Poster presentation at the 2016 New Zealand Apiculture Conference, June 19, 2016 to June 22, 2016.

[213] Audisio, M. C. (2017) Gram-Positive Bacteria with Probiotic Potential for the *Apis mellifera* L. Honey Bee: The Experience in the Northwest of Argentina. *Probiotics and Antimicrobial Proteins* 9 (1): 22–31. DOI: 10.1007/s12602-016-9231-0

[214] Killer, J., Dubná, S., Sedláček, I. & Švec, P. (2014) Lactobacillus apis sp. nov., from the stomach of *honeybees (Apis mellifera)*, having an in vitro inhibitory effect on the causative agents of American and European foulbrood. *International Journal of Systematic and Evolutionary Microbiology* 64: 152–157. DOI: 10.1099/ijs.0.053033-0.

[215] Bucekova, M., Valachova, I., Kohutova, L., Prochazka, E., Klaudiny, J. & Majtan, J. (2014) Honeybee glucose oxidase—its expression in honeybee workers and comparative analyses of its content and H2O2-mediated antibacterial activity in natural honeys. *Naturwissenschaften* 101: 661–670. DOI: 10.1007/s00114-014-1205-z

[216] Alvarez-Suarez, J. M., Tulipani, S., Díaz, D., Estevez, Y., Romandini, S., Giampieri, F., Damiani, E., Astolfi, P., Bompadre, S. & Battino, M. (2010) Antioxidant and antimicrobial capacity of several monofloral Cuban honeys and their correlation with color, polyphenol content and other chemical compounds. *Food and Chemical Toxicology* 48 (8–9): 2490–2499. DOI: 10.1016/j.fct.2010.06.021

[217] Erler, S., Denner, A., Bobis, O., Forsgren, E. & Moritz, R. F. A. (2014) Diversity of honey stores and their impact on pathogenic bacteria of the honeybee, *Apis mellifera. Ecology and Evolution* 4 (20): 3960–3967. DOI: 10.1002/ece3.1252

[218] Solayman, M., Asiful Islam, M., Paul, S. Ali, Y., Khalil, M. I., Alam, N. & Gan, S. H. (2016) Physicochemical Properties, Minerals, Trace Elements, and Heavy Metals in Honey of Different Origins: *A Comprehensive Review. Comprehensive Reviews in Food Science and Food Safety* 15: 219–233.

[219] Bogo, G., Bortolotti, L., Sagona, S., Felicioli, A., Galloni, M., Barberis, M. & Nepi, M. (2019) Effects of Non-Protein Amino Acids in Nectar on Bee Survival and Behavior. *Journal of Chemical Ecology* 45 (3): 278–285. DOI: 10.1007/s10886-018-01044-2

[220] Rossano, R., Larocca, M., Polito, T., Perna, A. M., Padula, M. C., Martelli, G. & Riccio, P. (2012) What Are the Proteolytic Enzymes of Honey and What They Do Tell Us? A Fingerprint Analysis by 2-D Zymography of Unifloral Honeys. *PLoS ONE* 7 (11): e49164. DOI: 10.1371/journal.pone.0049164

[221] León-Ruiz, V., Vera, S., González-Porto, A. V. & al. (2013) Analysis of Water-Soluble Vitamins in Honey by Isocratic RP-HPLC. *Food Analytical Methods* 6: 488–496. DOI: 10.1007/s12161-012-9477-4

[222] Mao, W., Schuler, M. A. & Berenbaum, M. R. (2016) Honey constituents up-regulate detoxification and immunity genes in the western honey bee *Apis mellifera. Proceedings of the National Academy of Sciences* 110 (22): 8842–8846.

[223] Berenbaum, M. R. & Calla, B. (2021) Honey as a functional food for *Apis mellifera*. *Annual Review of Entomology* 66: 185–208.

[224] Collison, C. (2016) A closer look: feeding sugar syrup/HMI. *Bee Culture*, March 23. https://www.beeculture.com/a-closer-look-feeding-sugar-syruphmi/

[225] Johnson, B. R., Synk, W., Cameron Jasper, W. & Müssen, E. (2014) Effects of high fructose corn syrup and probiotics on growth rates of newly founded honey bee colonies, *Journal of Apicultural Research* 53 (1): 165–170. DOI: 10.3896/IBRA.1.53.1.18

[226] Jones, S. (2012) Ambrosia schmosia. http://swmbks.weebly.com/uploads/1/6/6/8/16681596/ambrosia_schmosia.pdf

[227] Wheeler, M. M. & Robinson, G. E. (2014) Diet-dependent gene expression in honeybees: honey vs. sucrose or high fructose corn syrup. *Scientific Reports* 4: 5726. DOI: 10.1038/srep05726

[228] Jenette, M. R. (2017) High Fructose Corn Syrup Down-Regulates the Glycolysis Pathway in *Apis mellifera*. In BSU Honors Program Theses and Projects. Item 225. Verfügbar unter: http://vc.bridgew.edu/honors_proj/225

[229] Mirjanic, G. Tlak Gajger, I., Mladenovic, M. & Kozaric, Z. (2013) Impact of different feed on intestine health of honey bees. Presentation at Apimondia meeting, 2013. http://www.resistant-bees.com/fotos/estudio/feeding.pdf

[230] Papežíková, I., Palíková, M., Syrová, E., Zachová, A., Somerlíková, K., Kováčová, V. & Pecková, L. (2020) Effect of Feeding Honey Bee (*Apis mellifera* Hymenoptera: Apidae) Colonies With Honey, Sugar Solution, Inverted Sugar, and Wheat Starch Syrup on Nosematosis Prevalence and Intensity. *Journal of Economic Entomology* 113 (1), 26–33. DOI: 10.1093/jee/toz251

[231] Taylor, MA, Robertson, AW, Biggs, PJ, Richards, KK, Jones, DF & Parkar, SG (2019) The effect of carbohydrate sources: Sucrose, invert sugar and components of mānuka honey, on core bacteria in the digestive tract of adult honey bees. (*Apis mellifera*). *PLoS ONE* 14 (12): e0225845. DOI: 10.1371/journal.pone.0225845

[232] Wang, H., Liu, C., Liu, Z., Wang, Y., Ma, L. & Xu, B. (2020) The different dietary sugars modulate the composition of the gut microbiota in honeybee during overwintering. *BMC Microbiology* 20 (1): 61. DOI: 10.1186/s12866-020-01726-6

[233] Abou-Shaara, H. F. (2017) Effects of various sugar feeding choices on survival and tolerance of honey bee workers to low temperatures. *Journal of Entomological and Acarological Research* 49 (1): 6–12. DOI: 10.4081/jear.2017.6200

[234] Bernklau, E., Bjostad, L., Hogeboom, A., Carlisle, A. & Arathi, H. S. (2019) Dietary Phytochemicals, Honey Bee Longevity and Pathogen Tolerance. *Insects* 10 (1): 14. DOI: 10.3390/insects10010014

[235] D'Alvise, P., Böhme, F., Codrea, M. C., Seitz, A., Nahnsen, S., Binzer, M., Rosenkranz, P. & Hasselmann, M. (2018) The impact of winter feed type on intestinal microbiota and parasites in honey bees. *Apidologie* 49: 252–264. DOI: 10.1007/s13592-017-0551-1

[236] Strange, J. P., Garnery, L., Sheppard, W. S. (2007) Persistence of the Landes ecotype of *Apis mellifera mellifera* in southwest France: confirmation of a locally adaptive annual brood cycle trait. *Apidologie* 38 (3): 259–267. https://hal.archives-ouvertes.fr/hal-00892261

[237] Winston, M. L. (1987) The biology of the honey bee. Harvard. S. 57.

[238] Keller, I., Fluri, P. & Imdorf, A. (2005) Pollen nutrition and colony development in honey bees: Part I. *Bee World* 86 (1), 3–10.

[239] Alaux, C., Ducloz, F., Crauser, D. & Le Conte, Y. (2010) Diet effects on honeybee immunocompetence. *Biology Letters* 6: 562–565. DOI: 10.1098/rsbl.2009.0986. https://royalsocietypublishing.org/doi/full/10.1098/rsbl.2009.0986

[240] Ritter, W. (2007) Bee Death in the USA: Is the Honeybee in Danger? *Beekeepers Quarterly* 89: 24–25.

[241] Manning, R. (2001) Fatty acids in pollen: A review of their importance for honey bees. *Bee World* 82 (2): 60–75.

[242] Somerville, D. (2005) Fat bees, skinny bees: a manual on honey bee nutrition for beekeepers. Australian Rural Industries Research and Development Corporation Publication No. 05/054. https://www.agrifutures.com.au/wp-content/uploads/publications/05-054.pdf

[243] Köppler, K., Vorwohl, G. & Koeniger, N. (2007) Comparison of pollen spectra collected by four different subspecies of the honey bee *Apis mellifera*. *Apidologie* 38 (4): 341–353.

8 Minimierung der Völkerverluste in der behandlungsfreien Bienenhaltung mit besonderem Augenmerk auf die Varroa

[244] Ruttner, F. (1988) Zuchttechnik und Zuchtauslese bei der Biene. 6. Auflage, Ehrenwirth Verlag, München, 100.

[245] Hoppe, A., Du, M., Bernstein, R., Tiesler, F.-K., Kärcher, M. & Bienefeld, K. (2020) Substantial Genetic Progress in the International *Apis mellifera carnica* Population Since the Implementation of Genetic Evaluation. *Insects* 11: 768. DOI: 10.3390/insects11110768

[246] Guichard, M., Dietemann, V., Neuditschko, M. & Dainat, B. (2020) Three Decades of Selecting Honey Bees that Survive Infestations by the Parasitic Mite *Varroa destructor*: Outcomes, Limitations and Strategy. *Preprints*, 3 March 2020. https://www.preprints.org/manuscript/202003.0044

[247] Uzunov, A., Brascamp, E. W. & Büchler, R. (2017) The Basic Concept of Honey Bee Breeding Programs. *Bee World* 94 (3): 84–87. DOI: 10.1080/0005772X.2017.1345427

[248] Wray, M. K., Mattila, H. R. & Seeley, T. D. (2011) Collective personalities in honeybee colonies are linked to colony fitness. *Animal Behaviour* 81 (3): 559–568. DOI: 10.1016/j.anbehav.2010.11.027

[249] Guichard, M., Neuditschko, M. Fried, P., Soland, G. & Dainat, B. (2019) A future resistance breeding strategy against *Varroa destructor* in a small population of the dark honey bee. *Journal of Apicultural Research*, 58 (5): 814–823, DOI: 10.1080/00218839.2019.1654966

[250] Wirz, J. (2020), persönlicher Austausch.

[251] Büchler, R. & al. (2014) The influence of genetic origin and its interaction with environmental effects on the survival of *Apis mellifera* L. colonies in Europe. *Journal of Apicultural Research* 53 (2): 205–214. DOI: 10.3896/IBRA.1.53.2.03

[252] Seeley, T. D. (2020). *Natural Bee Husbandry* No. 16: 5–9.

[253] Guichard, M., Dietemann, V., Neuditschko, M. & Dainat, B. (2020) Three Decades of Selecting Honey Bees that Survive Infestations by the Parasitic Mite Varroa destructor: Outcomes, Limitations and Strategy. Preprints, 3 March 2020. https://www.preprints.org/manuscript/202003.0044/v1

[254] van Alphen, J. J. M. & Fernhout, B. J. (2020) Natural selection, selective breeding, and the evolution of resistance of honeybees (*Apis mellifera*) against Varroa. *Zoological Letters* 6: 6. DOI: 10.1186/s40851-020-00158-4

[255] Arista Bee Research: https://aristabeeresearch.org. Siehe auch: Stokstad, E. (2019) Breeders toughen up bees to resist deadly mites. *Science*, July 25. https://www.science.org/content/article/breeders-toughen-bees-resist-deadly-mites

[256] Martin, S. J. & Grindrod, I. (2020) Natural varroa resistant honey bees: biology, testing and propagation. *BBKA News Special Issue Series* August 2020.

[257] COLOSS Honey Bee Watch: https://www.honeybeewatch.com

[258] Seeley, T. D. (2017) Life-history traits of wild honey bee colonies living in forests around Ithaca, NY, USA. *Apidologie* 48: 743–754. DOI: 10.1007/s13592-017-0519-1

[259] Mitchell, D. (2016) Ratios of colony mass to thermal conductance of tree and man-made nest enclosures of *Apis mellifera*: implications for survival, clustering, humidity regulation and Varroa destructor. *International Journal of Biometeorology* 60: 629–638. DOI: 10.1007/s00484-015-1057-z

[260] Owens, C. D. (1971) The thermology of wintering honey bee colonies. US Agricultural Research Service, Technical Bulletin No. 1429. https://www.beesource.com/threads/the-thermology-of-wintering-honey-bee-colonies.365933/

[261] Haber, A. I., Steinhauer, N. A. & van Engelsdorp, D. (2019) Use of Chemical and Nonchemical Methods for the Control of *Varroa destructor* (Acari: Varroidae) and Associated Winter Colony Losses in U.S. Beekeeping Operations. *Journal of Economic Entomology* 112 (4): 1509–1525. DOI: 10.1093/jee/toz088

[262] https://www.artgerechte-bienenerhaltung.de/schiffertreereg1.html; https://www.caritas-werkstatt-pocking.de/schiffer-tree und persönliche Mitteilung von Rainer Pfaffinger, Caritas Werkstatt Pocking, Deutschland. In der Schweiz wird der Schiffer-Tree auch hergestellt: https://www.schreinereiplus.ch/aktuelles/

[263] Taric, E., Glavinic, U., Stevanovic, J., Vejnovic, B., Aleksic, N., Dimitrijevic, V. & Stanimirovic, Z. (2019) Occurrence of honey bee (*Apis mellifera* L.) pathogens in commercial and traditional hives. *Journal of Apicultural Research* 58 (3): 433–443. DOI: 10.1080/00218839.2018.1554231
Taric, E., Glavinic, U., Vejnovic, B., Stanojkovic, A., Aleksic, N., Dimitrijevic, V. & Stanimirovic, Z. (2020) Oxidative Stress, Endoparasite Prevalence and Social Immunity in Bee Colonies Kept

Traditionally vs. Those Kept for Commercial Purposes. *Insects,* 11 (5): 266. https://www.ncbi.nlm.nih.gov/pmc/articles/PMC7290330/

[264] Mancke, G. (2012) The sun hive (Der Weißenseifener Hängekorb). Natural Beekeeping Trust. (Dt.: Mancke, G. (2005) Der Weißenseifener Hängekorb – Eine Alternative.)

[265] Herrmann, H. (2020), persönlicher Austausch.

[266] Rebel Bees (Kanada): https://www.rebelbees.ca/collections/warre-hives-and-parts

[267] Tim Malfroy setzt z. B. in New South Wales modifizierte Warrés ein (https://www.naturalbeekeeping.com.au/home.html); Gilles Denis setzt modifizierte Warrés in Südfrankreich ein (https://www.ruche-warre.com).

[268] Lazutin, F. (2013) Keeping bees with a smile – A vision and practice of natural apiculture. Deep Snow Press.

[269] http://www.dheaf.plus.com/warrebeekeeping/heaf_hive_insulation_review_notes.pdf

[270] Anderson, B. (2019) The Idle Beekeeper: The Low-Effort, Natural Way to Raise Bees. Abrams Press.

[271] Fotos am Ende dieser Seite: http://warre.biobees.com/haverson.htm

[272] Schiffer, T. (2019) Beekeeping (R)evolution – a Species Protection Program. *Natural Bee Husbandry* 12 (August): 17–29.

[273] http://www.dheaf.plus.com/framebeekeeping/oneboxhive.htm

[274] Wirz, J. & Poeplau, N. (2020) Imkern mit der Einraumbeute. Pala, Darmstadt.

[275] http://www.dheaf.plus.com/framebeekeeping/modified_einraumbeute.htm

[276] Seeley, T. D. (2019) The lives of bees – The untold story of honey bees in the wild. Princeton University Press. (Dt.: Seeley, T. D. (2021) Das Leben wilder Bienen. Ulmer, Stuttgart.)

[277] Frey, E. & Rosenkranz, P. (2014) Autumn Invasion Rates of *Varroa destructor* (Mesostigmata: Varroidae) Into Honey Bee (Hymenoptera: Apidae) Colonies and the Resulting Increase in Mite Populations. *Journal of Economic Entomology* 107 (2): 508–515. DOI: 10.1603/ec13381

[278] Seeley, T. D. & Morse, R. A. (1976) The nest of the honey bee (*Apis mellifera* L.). *Insectes Sociaux* 23 (4): 495–512. https://www.researchgate.net/publication/269996264_The_nest_of_the_honey_bee_Apis_mellifera_L.

[279] Seeley, T. D. & Morse, R. A. (1978) Nest site selection by the honey bee, *Apis mellifera. Insectes Sociaux* 25: 323–337.

[280] Kovac, H., Stabentheiner, A. & Brodschneider, R. (2009) Contribution of honeybee drones of different age to colonial thermoregulation *Apidologie* 40: 82–95. DOI: 10.1051/apido/2008069

[281] Delaplane, K. S., Pietravalle, S., Brown, M. A. & Budge, G. E. (2015) Honey Bee Colonies Headed by Hyperpolyandrous Queens Have Improved Brood Rearing Efficiency and Lower Infestation Rates of Parasitic Varroa Mites. *PLoS ONE* 10 (12): e0142985. DOI: 10.1371/journal.pone.0142985

[282] Regulators' Compliance Code – Statutory Code of Practice for Regulators. Better Regulation Executive. Department for Business, Enterprise and Regulatory Reform, London. 17 December 2007. «Regulators, and the regulatory system as a whole, should use comprehensive risk assessment to concentrate resources in the areas that need them most.» S. 12.

[283] Zum Beispiel: Bassi, S., Carpana, E., Bergomi, P. & Galletti, G. (2018) Detection and quantification of *Paenibacillus larvae* spores in samples of bees, honey and hive debris as a tool for American foulbrood risk assessment. *Bulletin of Insectology* 71 (2): 235–241. http://www.bulletinofinsectology.org/pdfarticles/vol71-2018-235-241bassi.pdf

[284] Zum Beispiel: Mikušová, Z., Farka, Z., Pastucha, M., Poláchová, V., Obořilová, R. & Skládal, P. (2019) Amperometric Immunosensor for Rapid Detection of Honeybee Pathogen *Melissococcus plutonius. Electroanalysis* 31 (10): 1969–1976. DOI: 10.1002/elan.201900252

[285] Heaf, D. (2011) The Bee-friendly Beekeeper. Northern Bee Books, Mytholmroyd.

[286] Meixner, M. D., Costa, C., Kryger, P., Hatjina, F., Bouga, M., Ivanova, E. & Büchler, R. (2010) Conserving diversity and vitality for honey bee breeding. *Journal of Apicultural Research* 49 (1): 85–92.

[287] He, X. J., Zhou, L. B., Pan, Q. Z., Barron, A. B., Yan, W. Y & Zeng, Z. J. (2017) Making a queen: an epigenetic analysis of the robustness of the honeybee (*Apis mellifera*) queen developmental pathway. *Molecular Ecology* 26 (6): 1598–1607. DOI: 10.1111/mec.13990

[288] Yi, Y., He, X. J., Barron, A. B., Liu, Y. B., Wang, Z. L., Yan, W. Y. & Zeng, Z. J. (2020) Transgenerational accumulation of methylome changes discovered in commercially reared honey bee (*Apis mellifera*) queens. *Insect Biochemistry and Molecular Biology* 127 (December): 103476. https://www.sciencedirect.com/science/article/pii/S096517482030165X. DOI: 10.1016/j.ibmb.2020.103476

[289] Ritter, W. (2014) 30 Jahre Varroa-Milbe. Präsentation an der Global 2000 ‚Meet the Bees' Konferenz, Schloss Schönbrunn, Wien, Österreich, April. https://youtu.be/VSyZzD7itdo. Folien: https://www.global2000.at/sites/global/files/Pr%C3%A4sentation%20-%20Dr.%20Wolfgang%20RITTER.pdf

[290] Blacquière, T. & Panziera, D. (2018) A Plea for Use of Honey Bees' Natural Resilience in Beekeeping. *Bee World* 95 (2): 34–38. DOI: 10.1080/0005772X.2018.1430999

[291] Bundesministerium der Justiz und für Verbraucherschutz. Bundesamt für Justiz. Bienenseuchen-Verordnung. III.1. § 6. http://www.gesetze-im-internet.de/bienseuchv/BJNR005940972.html «Von Bienen nicht mehr besetzte Bienenwohnungen sind vom Besitzer der Bienen stets bienendicht verschlossen zu halten.» [Originaltext von Webseite]

[292] Stevenson, P. C. & al. (2020) The state of the world's urban ecosystems: What can we learn from trees, fungi, and bees? *Plants, People, Planet* 2 (5): 482–498. DOI: 10.1002/ppp3.10143. Siehe auch: http://www.sussex.ac.uk/broadcast/read/20465

Anhang

Nützliche Links

https://www.facebook.com/groups/treatmentfreebeekeepers/

Treatment-Free Commercial Beekeepers

https://www.facebook.com/groups/858457220921347/

Northamptonshire Treatment-Free Beekeeping (Chris Ibbertson)
https://www.facebook.com/groups/1263819240358228/

Treatment-Free Beekeepers of North Carolina
https://www.facebook.com/groups/1304683312959727/

Viele Verweise auf wissenschaftliche Artikel in diesem Buch beinhalten Links zu PDF-Dokumenten mit dem ganzen Text. Wo solche Links fehlen, ist der Volltext oftmals – neben dem Eintrag des Artikels – auf Google Scholar erhältlich. Falls nicht, sind die meisten Autorinnen und Autoren bereit, ein PDF ihres Artikels weiterzugeben. (E-Mail-Adressen findet man normalerweise auch über Google Scholar und den Artikel-Eintrag dort.)

Glossar und Abkürzungen

AFB – Amerikanische Faulbrut

Akarizide – Pestizide, welche die Arachniden-Unterklasse der Acari (zu denen Milben gehören) abtöten.

AMM – *Apis mellifera mellifera*

Allogrooming – Soziales, gegenseitiges Putzen innerhalb der gleichen Art

Autochthon – Einheimische Rasse einer Region, reinrassig

Bienenzentriert – Ansatz, bei dem Bienen und deren naturgegebene Bedürfnisse im Zentrum stehen.

EFB – Europäische Faulbrut, auch Sauerbrut genannt

Einfachzucker (Monosaccharide) – Einfache Kohlenhydrate, die aus einem einzigen Zuckermolekül (wie Glukose oder Fruktose) bestehen.

Epigenom – Satz der chemischen Veränderungen der DNA und der Histonproteine eines Organismus. Diese Veränderungen können an die Nachkommen eines Organismus über transgenerationelle epigenetische Vererbung weitergegeben werden.

Fitness – (engl. *Fitness*: Angepasstheit, Tauglichkeit) Im Kontext der Vererbungslehre ein Maß für die Angepasstheit (Adaption) eines Organismus. In dieser Verwendung hat der Begriff nichts mit der umgangssprachlichen Verwendung im Sinne von «gut trainiert» zu tun.

HFCS – *(High Fructose Corn Syrup)* Sirup aus Mais, reich an Fruktose

Immunkompetenz – Vermögen des Immunsystems, sich gegen Pathogene und Krankheiten zu wehren

Kissen – (engl. **Quilt** oder *Coussin*) Ein spezieller Deckel für Bienenbeuten, der als oberste, meist weniger hohe Zarge zur feuchtigkeitsdurchlässigen Isolation unter dem «Dach» angebracht wird. Die Zarge ist für Bienen nicht zugänglich und mit Isolationsmaterial (z. B. Holzspänen) gefüllt. Siehe dazu auch Endnote 15 zur Warré-Imkerei.

Magazin – Beute, die aus mehreren Zargen besteht, welche Wabenrahmen enthalten.

Mehrfachzucker (Polysaccharide) – Verbindung aus mehreren Zuckermolekülen, zum Beispiel Saccharose aus Fruktose und Glukose

Methylom – Gesamtheit der Methylierung im Genom eines Organismus

Mikrobiom – Gesamtheit der Bakterien und anderer Mikroorganismen auf oder in einem höheren Organismus

Mikrobiota – Ökologische Gesamtheit der Mikroorganismen in oder auf einem multizellulären Organismus

Phänologie – Beobachtung und Studie der Eintrittszeiten von biologischen Ereignissen

Phänotyp – Erscheinungsbild aller Merkmale eines Organismus (morphologische und physiologische Eigenschaften, allenfalls auch Verhaltensmerkmale)

RNS – Ribonukleinsäure; spielt eine Rolle bei der Übersetzung des genetischen Codes in Proteine.

SHB – *(Small Hive Beetle)* Kleiner Beutenkäfer

SNP – Einzelnukleotid-Polymorphismus (engl. *Single Nucleotide Polymorphism*), eine Variation eines einzelnen Basenpaares in einem komplementären DNA-Doppelstrang

VSH – *(Varroa Sensitive Hygiene)* Varroasensitives Hygieneverhalten

Danksagung

Ich danke Jeremy Burbidge, dass er mich eingeladen hat, dieses Buch zu schreiben. Dank gebührt auch den Mitgliedern der Warré beekeeping e-Group und den in diesem Buch porträtierten behandlungsfrei Imkernden, die bereitwillig Informationen und Fotos zur Verfügung gestellt haben, wenn sie darum gebeten wurden.
Ein spezielles Dankeschön geht an Thomas Gfeller, der eine wichtige Rolle bei der Publikation der deutschen Fassung dieses Buches gespielt hat, sowie an den Haupt Verlag und Ursina Kellerhals, die den Text übersetzt hat.

Register